21 世纪全国应用型本科计算机案例型规划教材

软件测试案例教程

主　编　丁宋涛

副主编　彭焕峰　蔡　玮

　　　　徐金宝

U0351610

北京大学出版社

PEKING UNIVERSITY PRESS

内 容 简 介

本书围绕开源软件测试的指导思想展示软件测试的方法和过程，先对软件测试基本原理进行介绍，使读者认识软件测试设计的过程、方法和工具；再依次介绍若干主流软件测试工具的使用和制作，使读者体验软件测试的过程和环境；最后利用源代码解读方式，深入剖析开源软件项目的组织方式和典型的软件测试技巧，以达到充实、巩固、调整和提高的根本目的。

本书强调软件测试的可扩展性，以 JUnit 为核心，对主流的 CppUnit、JUnitPerf、JPdfReport、Apache POI、HttpUnit、DbUnit 和 WebService 进行了深入浅出的介绍。全书使用工程开发的方法组织教材体系，涉及的技术是目前软件测试中的关键技术，实用性强，对其案例略加改变就可以直接移植到相关系统的建设和开发中。

本书可供开设软件测试相关课程的各类院校使用，也可供从事软件测试的管理人员和技术人员阅读、参考、借鉴。

图书在版编目(CIP)数据

软件测试案例教程/丁宋涛主编. —北京：北京大学出版社，2012.9

(21 世纪全国应用型本科计算机案例型规划教材)

ISBN 978-7-301-16824-0

Ⅰ. ①软… Ⅱ. ①丁… Ⅲ. ①软件—测试—高等学校—教材 Ⅳ. ①TP311.5

中国版本图书馆 CIP 数据核字(2012)第 205548 号

书　　　　名：	软件测试案例教程
著作责任者：	丁宋涛　主编
策 划 编 辑：	郑　双
责 任 编 辑：	程志强
标 准 书 号：	ISBN 978-7-301-16824-0/TP・1244
出　版　者：	北京大学出版社
地　　　址：	北京市海淀区成府路 205 号　　100871
网　　　址：	http://www.pup.cn　http://www.pup6.cn
电　　　话：	邮购部 62752015　发行部 62750672　编辑部 62750667　出版部 62754962
电 子 邮 箱：	pup_6@163.com
印　刷　者：	三河市北燕印装有限公司
发　行　者：	北京大学出版社
经　销　者：	新华书店

787 毫米×1092 毫米　16 开本　13.75 印张　312 千字

2012 年 9 月第 1 版　　2012 年 9 月第 1 次印刷

定　　　价：28.00 元

21世纪全国应用型本科计算机案例型规划教材

专家编审委员会

(按姓名拼音顺序)

主　任	刘瑞挺			
副主任	陈　钟	蒋宗礼		
委　员	陈代武	房爱莲	胡巧多	黄贤英
	江　红	李　建	娄国焕	马秀峰
	祁亨年	王联国	汪新民	谢安俊
	解　凯	徐　苏	徐亚平	宣兆成
	姚喜妍	于永彦	张荣梅	

信息技术的案例型教材建设

(代丛书序)

刘瑞挺

北京大学出版社第六事业部在 2005 年组织编写了《21 世纪全国应用型本科计算机系列实用规划教材》，至今已出版了 50 多种。这些教材出版后，在全国高校引起热烈反响，可谓初战告捷。这使北京大学出版社的计算机教材市场规模迅速扩大，编辑队伍茁壮成长，经济效益明显增强，与各类高校师生的关系更加密切。

2008 年 1 月北京大学出版社第六事业部在北京召开了"21 世纪全国应用型本科计算机案例型教材建设和教学研讨会"。这次会议为编写案例型教材做了深入的探讨和具体的部署，制定了详细的编写目的、丛书特色、内容要求和风格规范。在内容上强调面向应用、能力驱动、精选案例、严把质量；在风格上力求文字精练、脉络清晰、图表明快、版式新颖。这次会议吹响了提高教材质量第二战役的进军号。

案例型教材真能提高教学的质量吗？

是的。著名法国哲学家、数学家勒内·笛卡儿(Rene Descartes，1596—1650)说得好："由一个例子的考察，我们可以抽出一条规律。(From the consideration of an example we can form a rule.)"事实上，他发明的直角坐标系，正是通过生活实例而得到的灵感。据说是在 1619 年夏天，笛卡儿因病住进医院。中午他躺在病床上，苦苦思索一个数学问题时，忽然看到天花板上有一只苍蝇飞来飞去。当时天花板是用木条做成正方形的格子。笛卡儿发现，要说出这只苍蝇在天花板上的位置，只需说出苍蝇在天花板上的第几行和第几列。当苍蝇落在第四行、第五列的那个正方形时，可以用(4，5)来表示这个位置……由此他联想到可用类似的办法来描述一个点在平面上的位置。他高兴地跳下床，喊着"我找到了，找到了"，然而不小心把国际象棋撒了一地。当他的目光落到棋盘上时，又兴奋地一拍大腿："对，对，就是这个图"。笛卡儿锲而不舍的毅力，苦思冥想的钻研，使他开创了解析几何的新纪元。千百年来，代数与几何，井水不犯河水。17 世纪后，数学突飞猛进的发展，在很大程度上归功于笛卡儿坐标系和解析几何学的创立。

这个故事，听起来与阿基米德在浴缸洗澡而发现浮力原理，牛顿在苹果树下遇到苹果落到头上而发现万有引力定律，确有异曲同工之妙。这就证明，一个好的例子往往能激发灵感，由特殊到一般，联想出普遍的规律，即所谓的"一叶知秋"、"见微知著"的意思。

回顾计算机发明的历史，每一台机器、每一颗芯片、每一种操作系统、每一类编程语言、每一个算法、每一套软件、每一款外部设备，无不像闪光的珍珠串在一起。每个案例都闪烁着智慧的火花，是创新思想不竭的源泉。在计算机科学技术领域，这样的案例就像大海岸边的贝壳，俯拾皆是。

事实上，案例研究(Case Study)是现代科学广泛使用的一种方法。Case 包含的意义很广：包括 Example 例子，Instance 事例、示例，Actual State 实际状况，Circumstance 情况、事件、境遇，甚至 Project 项目、工程等。

我们知道在计算机的科学术语中，很多是直接来自日常生活的。例如 Computer 一词早在 1646 年就出现于古代英文字典中，但当时它的意义不是"计算机"而是"计算工人"，即专门从事简单计算的工人。同理，Printer 当时也是"印刷工人"而不是"打印机"。正是由于这些"计算工人"和"印刷工人"常出现计算错误和印刷错误，才激发查尔斯·巴贝奇(Charles Babbage，1791—1871)设计了差分机和分析机，这是最早的专用计算机和通用计算机。这位英国剑桥大学数学教授、机械设计专家、经济学家和哲学家是国际公认的"计算机之父"。

20 世纪 40 年代，人们还用 Calculator 表示计算机器。到电子计算机出现后，才用 Computer 表示计算机。此外，硬件(Hardware)和软件(Software)来自销售人员。总线(Bus)就是公共汽车或大巴，故障和排除故障源自格瑞斯·霍普(Grace Hopper，1906—1992)发现的"飞蛾子"(Bug)和"抓蛾子"或"抓虫子"(Debug)。其他如鼠标、菜单……不胜枚举。至于哲学家进餐问题，理发师睡觉问题更是操作系统文化中脍炙人口的经典。

以计算机为核心的信息技术，从一开始就与应用紧密结合。例如，ENIAC 用于弹道曲线的计算，ARPANET 用于资源共享以及核战争时的可靠通信。即使是非常抽象的图灵机模型，也受益于二战时图灵博士破译纳粹密码工作的关系。

在信息技术中，既有许多成功的案例，也有不少失败的案例；既有先成功而后失败的案例，也有先失败而后成功的案例。好好研究它们的成功经验和失败教训，对于编写案例型教材有重要的意义。

我国正在实现中华民族的伟大复兴，教育是民族振兴的基石。改革开放 30 年来，我国高等教育在数量上、规模上已有相当的发展。当前的重要任务是提高培养人才的质量，必须从学科知识的灌输转变为素质与能力的培养。应当指出，大学课堂在高新技术的武装下，利用 PPT 进行的"高速灌输"、"翻页宣科"有愈演愈烈的趋势，我们不能容忍用"技术"绑架教学，而是让教学工作乘信息技术的东风自由地飞翔。

本系列教材的编写，以学生就业所需的专业知识和操作技能为着眼点，在适度的基础知识与理论体系覆盖下，突出应用型、技能型教学的实用性和可操作性，强化案例教学。本套教材将会有机融入大量最新的示例、实例以及操作性较强的案例，力求提高教材的趣味性和实用性，打破传统教材自身知识框架的封闭性，强化实际操作的训练，使本系列教材做到"教师易教，学生乐学，技能实用"。有了广阔的应用背景，再造计算机案例型教材就有了基础。

我相信北京大学出版社在全国各地高校教师的积极支持下，精心设计，严格把关，一定能够建设出一批符合计算机应用型人才培养模式的、以案例型为创新点和兴奋点的精品教材，并且通过一体化设计、实现多种媒体有机结合的立体化教材，为各门计算机课程配齐电子教案、学习指导、习题解答、课程设计等辅导资料。让我们用锲而不舍的毅力，勤奋好学的钻研，向着共同的目标努力吧！

刘瑞挺教授 本系列教材编写指导委员会主任、全国高等院校计算机基础教育研究会副会长、中国计算机学会普及工作委员会顾问、教育部考试中心全国计算机应用技术证书考试委员会副主任、全国计算机等级考试顾问。曾任教育部理科计算机科学教学指导委员会委员、中国计算机学会教育培训委员会副主任。PC Magazine《个人电脑》总编辑、CHIP《新电脑》总顾问、清华大学《计算机教育》总策划。

前　　言

软件测试已受到许多软件开发公司的重视，越来越多的软件开发人员投入到了软件测试的行业中。如何保证软件测试的质量？如何适应软件测试行业的技术需求？软件开发人员如何快速加入到测试行业？这些都是人们所关心的问题。为此，本书从实际出发剖析了若干主流软件测试工具，可供从事软件测试的技术人员阅读和使用。

当前国内高校流行的"软件测试技术"的教材，大多脱胎于软件工程中的软件质量保证的内容，其设计主要着眼于软件质量保证的理论与应用。对于工程实践，尤其是在培养学生的工程创新能力方面还有一定的距离。应用型大学的培养对象应当充分借鉴工业界已有的智力创新的成果，即培养创新成果的转化能力。这要求应用型教材能够成为架构理论与实践的桥梁。当前的软件测试技术中对于开源技术的应用相当广泛，从使用开源测试软件入手，深入剖析开源项目的设计思想，对学生的创新实践能力的提高具有较大的实用意义。因此，本书围绕开源软件项目，引入了源代码阅读与分析篇章。

全书由 3 个部分共 9 章内容组成，以当前主流的 JUnit 单元测试工具为例，详细讨论了软件测试的思想、流程和方法。本书重实践、重应用，适合软件公司的测试经理、工程师和想进入软件测试行业的人员学习。

第一部分(第 1~4 章)主要介绍软件测试的基本概念和测试的相关知识，构造软件测试的基本框架，详细介绍敏捷测试、单元测试的核心技术，强调白盒测试、黑盒测试的重点知识和相关技能以及测试用例的设计方法，使读者能够在一个较高的层次上全面理解软件测试的实际测试方法。

第二部分(第 5~6 章)详细介绍了 JUnit、CppUnit 单元测试的核心技术，强调白盒测试的重点知识和相关源代码流程分析以及测试用例的设计方法，使读者能够在一个较高的层次上全面理解软件测试的实际工作方法。

第三部分(第 7~9 章)具体介绍了以 JUnit 为核心的软件测试扩展技术，包括性能测试、Web 测试、集成测试、WebService 测试、数据库测试的实用技术，以及其他的测试技术(包括可靠性测试、Web 测试等 13 个测试技术)。这一部分内容讲解了实用的理论技术和测试用例的编写方法及注意的要点。

本书主要由丁宋涛、彭焕峰、蔡玮、徐金宝编写。

本书的编写经历了两个阶段。

第一阶段，编写本书实用测试理论：第 1 章、第 2 章、第 7 章、第 8 章、第 9 章由丁宋涛编写；第 4 章和第 6 章由彭焕峰编写；第 3 章和第 5 章由蔡玮编写。丁宋涛和徐金宝通阅了全书。同时，陈科燕、王成龙、何全洲等人帮助编写了本书的部分章节并参与了本书内容的讨论和审定工作。

第二阶段，针对实践操作，本书已提供了相应的操作视频，供选用者参考。

在此特别感谢参与本书编写工作的每位同志！

此外，特别感谢南京工程学院黄陈蓉教授的支持和鼎力帮助，黄陈蓉教授在百忙之中审阅了本书的全部书稿，并提出了宝贵的意见。同时，也特别感谢北京大学出版社的郑双编辑和程志强编辑的细心审查和编辑工作。

本课程是软件测试专业的必修课。本书可以作为软件开发和软件工程类学科的选修课教材，也可作为软件开发技术及软件测试本科生的教材，还可作为软件测试理论与实践工作者进行研究、培训与应用实践的参考资料，同时还可供从事软件测试的管理人员阅读并参考。

由于作者水平有限，加上软件测试领域的发展日新月异，书中难免会有疏漏和不妥之处，敬请广大读者批评斧正。

编者

2012 年 5 月

目　　录

第 1 章

软件测试概述

(1) 了解软件测试的产生和发展历史；
(2) 了解软件质量的基本概念和基本要求；
(3) 初识软件可靠性的基本特征。

软件测试概述知识结构图如图 1.1 所示。

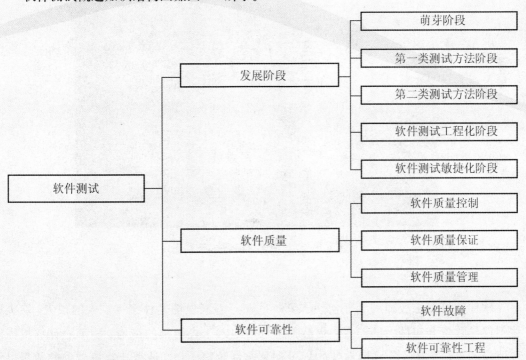

图 1.1 软件测试概述知识结构图

导入案例

首先，让我们了解一些潜在的软件缺陷为人类带来的重大安全事故。

1996 年 6 月 4 日，欧洲阿丽亚娜型火箭第一次发射，发射后仅仅 37 秒，火箭偏离它的飞行路径，解体并爆炸，如图 1.2 所示。火箭上载有价值 5 亿美元的通信卫星。6 亿美元付之一炬。后来的调查显示，控制惯性导航系统的计算机向控制引擎喷嘴的计算机发送了一个无效数据。失事调查报告指出，火箭爆炸是因为：

During execution of a data conversion from 64-bit floating point to 16-bit signed integer value. The floating point number which was converted had a value greater than what could be represented by a 16-bit signed integer. This resulted in an Operand Error.

它没有发送飞行控制信息，而是送出了一个诊断位模式，表明在将一个 64 位浮点数转换成 16 位有符号整数时，产生了溢出。溢出值测量的是火箭的水平速率，这比早先的 Ariane 4 火箭所能达到的水平速率高出了 5 倍。在设计阿丽亚娜火箭 4 的软件时，程序员小心地分析了数字值，并且确定水平速率绝不会超出一个 16 位的数。不幸的是，他们在阿丽亚娜火箭 5 的系统中简单地重新使用了这一部分，而没有检查它所基于的假设。

图 1.2　阿里亚娜火箭爆炸(资料图)

软件项目发生故障对于任何涉入其中的参与者来说都是种相当重大的损失。这类事故不仅导致资金与精力的浪费，更会使管理者陷入千夫所指的境地。随着对计算机需求和依赖的与日俱增，计算机系统的规模和复杂性急剧增加，使得计算机软件的数量以惊人的速度急剧膨胀。例如，航天飞机机载系统有近 1 千万行代码，著名的 Windows 7 操作系统的代码行数更是达到了惊人的 5000 万行，比 Windows XP 多出了 40%。与此同时，计算机出现故障引起系统失效的可能性也逐渐增加。由于计算机硬件技术的进步、元器件可靠性的提高、硬件设计和验证技术的成熟，硬件故障相对显得次要了。有研究表明，软件故障正逐渐成为导致计算机系统失效和停机的主要因素。由于人们对复杂计算机系统需求的急剧增加远远超过计算机软硬件设计、实现、测试及维护的能力，从而出现了许多可怕的计算机工程事故，其中大多数都是由于软件故障所致。

软件测试是软件质量保证的重要手段。本章将从软件测试的产生和发展开始，介绍软件测试的定义、功能和基本组成。

1.1　软件测试的产生和发展

1946 年，美国宾夕法尼亚大学的科研人员研制成功了世界上第一台数字计算机 ENIAC(Electronic Numerical Integrator And Calculator)，标志着计算机的诞生。伴随着计算机工业的发展，计算机软件行业开始兴起。软件测试是伴随着软件的产生而产生的。大体上可以认为软件测试经历了 5 个阶段：萌芽阶段、软件测试第一类方法阶段、软件测试第二类方法阶段、软件测试工程化阶段和软件测试敏捷化阶段。

1. 第一阶段：萌芽阶段

(1) 时期：20 世纪 50 年代初至 60 年代中期。

(2) 基本特征：测试工作与调试工作混杂，没有共同认可的工作流程与实现手段。

(3) 主要内容：软件测试是伴随着软件的产生而产生的。在早期的软件开发过程中，软件规模很小，复杂程度低，软件开发的过程混乱无序且相当随意，测试的含义比较狭窄，开发人员将测试等同于"调试"，目的是纠正软件中已经知道的故障，常常由开发人员自己完成这部分工作。对测试的投入极少，测试介入也晚，常常是等到形成代码、产品已经基本完成时才进行测试。

2. 第二阶段：软件测试第一类方法阶段

(1) 时期：20 世纪 60 年代中期至 70 年代中期。

(2) 基本特征：采用正向思维，针对软件系统的所有功能点，逐个验证其正确性。

(3) 主要内容：1957 年，软件测试才开始与调试区别开来，作为一种发现软件缺陷的活动。由于一直存在着"为了让我们看到产品在工作，就得将测试工作往后推一点"的思想，潜意识里将测试的目的理解为"使自己确信产品能工作"。测试活动始终后于开发活动，测试通常被作为软件生命周期中最后一项活动。当时也缺乏有效的测试方法，主要依靠"错误推测(Error Guessing)"来寻找软件中的缺陷。

到了 20 世纪 70 年代，在"软件危机"的影响下，一些软件测试的探索者们建议在软件生命周期的开始阶段就根据需求制订测试计划。这时也涌现出一批软件测试的宗师，Bill Hetzel 博士就是其中的领导者。1972 年，软件测试领域的先驱 Bill Hetzel 博士(代表论著 *The Complete Guide to Software Testing*)，在美国的北卡罗来纳大学组织了历史上第一次正式的关于软件测试的会议。1973 年，他首先给软件测试一个这样的定义："就是建立一种信心，认为程序能够按预期的设想运行。"在他定义中的"设想"和"预期的结果"其实就是现在所说的用户需求或功能设计。他还把软件的质量定义为"符合要求"。他的思想的核心是：测试方法是试图验证软件是"工作的"，所谓"工作的"就是指软件的功能是按照预先的设计执行的，以正向思维，针对软件系统的所有功能点，逐个验证其正确性。软件测试业界把这种方法看成是软件测试的第一类方法。

3. 第三阶段：软件测试第二类方法阶段

(1) 时期：20 世纪 70 年代末至 90 年代中期。

(2) 基本特征：首先认定软件是有错误的，采用逆向思维去发现尽可能多的错误。

(3) 主要内容：软件测试第二类方法的代表人物是 Glenford J. Myers(代表论著 *The Art of Software Testing*)。他认为测试不应该着眼于验证软件是工作的，相反应该首先认定软件是有错误的，然后用逆向思维去发现尽可能多的错误。他还从人的心理学的角度论证，如果将"验证软件是工作的"作为测试的目的，非常不利于测试人员发现软件的错误。于是他于 1979 年提出了对软件测试的定义："测试是为发现错误而执行的一个程序或者系统的过程。The process of executing a program or system with the intent of finding errors."这个定义也被业界所认可，经常被引用。Myers 还给出了与测试相关的 3 个重要观点，那就是：

① 测试是为了证明程序有错，而不是证明程序无错误；

② 一个好的测试用例是在于它能发现至今未发现的错误；

③ 一个成功的测试是发现了至今未发现的错误的测试。

Myers 提出的"测试的目的是证伪"这一概念，推翻了过去"为表明软件正确而进行测试"的错误认识，为软件测试的发展指出了方向，软件测试的理论、方法在之后得到了长足的发展。第二类软件测试方法在业界也很流行，受到很多学术界专家的支持。

4. 第四阶段：软件测试工程化阶段

(1) 时期：20 世纪 90 年代末至 2000 年前后。

(2) 基本特征：标准化测试阶段，强调软件文档工作，突出软件测试的独立地位。

(3) 主要内容：到了 20 世纪 80 年代初期，软件和 IT 行业进入了大发展，软件趋向大型化、高复杂度，软件的质量越来越重要。人们将"质量"的概念融入软件测试的基础理论之中，软件测试的定义发生了改变，测试不单纯是一个发现错误的过程，而将测试作为软件质量保证(SQA)的主要职能："测试是以评价一个程序或者系统属性为目标的任何一种活动。测试是对软件质量的度量。"这个定义至今仍被引用。软件开发人员和测试人员开始一起探讨软件工程和测试问题。软件测试已有了行业标准(IEEE/ANSI)，1983 年 IEEE 提出的软件工程术语中给软件测试下的定义是："使用人工或自动的手段来运行或测定某个软件系统的过程，其目的在于检验它是否满足规定的需求或弄清预期结果与实际结果之间的差别。"这个定义明确指出：软件测试的目的是为了检验软件系统是否满足需求。它再也不是一个一次性的却只是开发后期的活动，而是与整个开发流程融合成一体。软件测试已成为一个专业，需要运用专门的方法和手段，需要专门人才和专家来承担。

5. 第五阶段：软件测试敏捷化阶段

(1) 时期：2000 年前后至今。

(2) 基本特征：敏捷开发盛行，强调测试先行，软件测试工作应当越早介入开发工作越好。

(3) 主要内容：利用测试来驱动软件程序的设计和实现。测试驱动开始流行于 20 世纪 90 年代，主要是先写测试程序，然后再编码使其通过测试。测试驱动开发的目的是取得快速反馈，以便于程序设计人员构建程序。此时的软件开发可以从两个方面去看待：实现的功能和质量。测试驱动开发更像两顶帽子思考法的开发方式，先戴上实现功能的帽子，在测试的辅助下，快速实现正确的功能；再戴上重构的帽子，在测试的保护下，通过去除冗余和重复的代码，提高代码重用性，实现对质量的改进。可见测试在测试驱动开发中确实属于核心地位，贯穿了开发的始终。

1.2　软件质量保障

迄今为止，在软件测试理论和实践的发展过程中，软件质量保障概念的提出是具有里程碑意义的。它使得软件测试有了第一套完整的指导思想、工作流程和实施方法。软件质量保障是一个非常复杂的系统工程，软件质量保障(SQA)通过建立一套有计划、有系统的方法，来向管理层保证拟定出的标准、步骤、实践和方法能够正确地被所有项目所采用。软件质量保障的目的是使软件过程对于管理人员来说是可见的。它通过对软件产品和活动进行评审和审计来验证软件是合乎标准的。软件质量保障组在项目开始时就

一起参与建立计划、标准和过程。这些将使软件项目满足机构方针的要求。主要包括软件质量控制、质量保证和质量管理 3 个方面的内容，见表 1-1。

表 1-1　软件质量保障的三大核心工作

层次	核心内容	特征
质量控制	提供了软件质量保障的基本手段	将软件质量的检查、核对工作的具体实施方法做出详细规定，参与人员可以直接进行工作
质量保证	提供了软件质量保障的主要流程	将软件质量的检查、核对工作的实施流程做出详细规定，参与人员将过程进行划分，分配给质量控制人员进行实施
质量管理	提供了软件质量保障的基本思想	将软件质量的实施流程做出原则性规定，参与人员根据软件项目的具体情况，划分流程，指导软件质量工作的进行

其实质量控制、质量保证、质量管理代表软件质量工作的不同层次的内容。

软件质量控制其实是基本方法，通过一系列的技术来科学地测量过程状态。如测试速率、测试覆盖等都属于软件质量控制范畴，它们反映了测试过程状态的好坏、是否满足了要求。测试过程就好比一辆汽车，而测试速率、测试覆盖等就像汽车上的仪表，人们可以通过仪表上的数据来看出汽车当前的运行状态是否正常、运行的效能如何等？总之，质量控制就是一个确保产品满足需求的过程

软件质量保证则是过程的参考、指南的集合，如 ISO9000 就是其中的一种。通俗地说，质量保证就像汽车的检验合格证一样。它提供的是一种信任和为这种信任而进行的一系列有计划有组织的活动。它着重内部的检查，确保已获取认可的标准和步骤都已经遵循，保证问题能及时发现和处理。质量保证工作的对象是产品和开发过程中的行为。就好比制造一辆汽车，需要根据一系列标准化的流程和步骤进行，并同时在过程中实施监控，检查是否有偏差，并向管理者提供产品及过程的可视性。

软件质量管理则是实际操作的思想，主要讲述如何建立质量文化和管理思想。质量管理控制和协调组织的质量活动，包括质量控制、质量保证和质量改进。简单地说，这个就像是汽车生产商的管理层，它负责汽车制造过程中各项工作的协调，将所有影响质量的因素(包括技术、管理、人力等)都采取有效的方法进行控制，尽最大可能减少、预防不合格项的产生，最终达到生产出合格产品的目的。

在软件测试的发展史中，软件质量保障工程明确划分了人、工具、流程在软件测试工作中的地位、角色和承担的任务，极大地推动了软件测试工作理论和实践的向前发展。可以这样认为，在现阶段，软件测试工作的新方法、新工具大体上都是基于软件质量保障理论的基础之上的，只是在不同层次上有了新的发展和突破。

1.3 软件可靠性

1. 什么是软件可靠性

人们对计算机依赖的程度越高，对其可靠性的要求就越高。一个可靠的软件应该是正确的、完整的、一致的和健壮的。IEEE(电气与电子工程师学会)将软件可靠性定义为：系统在特定的环境下，在给定的时间内，无故障地运行的概率。用来评价软件按照用户的要求和设计目标，完成规定功能的能力，涉及软件的性能、功能、可用性、可服务性、可安装性、可维护性以及文档等多方面特性，因此，软件可靠性是对软件在设计、开发以及在它所预定环境中具有能力的置信度的一个测度，是衡量软件质量的主要参数之一。

为了对软件可靠性进行分析，一般将软件故障分为：硬件故障、软件故障、操作故障和环境故障。硬件故障是由物理性能的恶化造成的；软件故障是由设计阶段的人为因素造成的；操作故障是指操作人员和维护人员的错误；环境故障则包括电源、外界干扰、地震、火灾、病毒等各种外界因素引起的故障。在计算机历史上的第一个软件故障(Bug)是由于一只飞蛾意外飞入计算机内部而导致的，如图1.3所示，因此程序员在进行软件可靠性分析工作的时候，常被称为"Debug"。

图1.3 第一次被发现的导致计算机错误的飞蛾

2. 软件可靠性和硬件可靠性的差异

硬件失效和软件失效之间有着本质的不同。当某一个部件损坏或丧失了原本的功能时，说明复杂的硬件出现了问题，如一个电阻短路。这些原因是物理的，而且错误只发生在某一个特定点。为了解决这个问题，必须对某个部件进行维修或替换，系统才会恢复到先前的状态。

然而，软件问题能够在产品中存在很长时间，只有当特定的条件出现时才能将问题转化为错误。换句话说，这些问题具有潜伏性，除非为了纠正这些错误而对软件设计进行改变，否则系统将维持这种状态。

由于存在着这样的差异，软件可靠性的定义也不同于硬件可靠性。当修复了受损的硬件之后，它也回到了先前的可靠性水平，因此说硬件可靠性是可维护的。但是在对软件进行修复的同时，它的可靠性事实上也改变了，或者提升，或者降低。总之，硬件可靠性工程的目标是稳定的，而软件可靠性工程追求的是可靠性的提升。

3. 软件可靠性与系统可靠性

软件可靠性的理论基础来自硬件可靠性技术。通过采取与硬件类似的数学建模方法，用故障率作为度量。然而与硬件体系不同，软件可靠性有着独有的特征。

(1) 最明显的是硬件有老化损耗现象，硬件失效是物理故障，是器件物理变化的必然结果，有浴盆曲线现象，如图 1.4 所示；所谓浴盆曲线是指物理设备失效率曲线。大多数设备的故障率是时间的函数，因此曲线的形状呈两头高，中间低，具有明显的阶段性，可划分为 3 个阶段：早期故障期，偶然故障期，严重故障期，即早晚期故障率较高，中间期故障率较低。而软件不发生变化，没有磨损现象，有陈旧落后的问题，没有浴盆曲线现象。

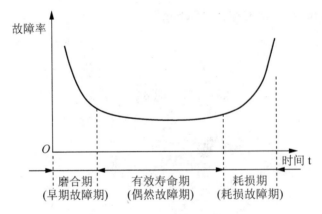

图 1.4　浴盆曲线

(2) 硬件可靠性的决定因素是时间，受设计、生产、运用的所有过程影响，软件可靠性的决定因素是与输入数据有关的软件差错，是输入数据和程序内部状态的函数，更多地取决于人。

(3) 对硬件可采用预防性维护技术预防故障，采用断开失效部件的办法诊断故障，而软件则不能采用这些技术。为提高硬件可靠性可采用冗余技术，而同一软件的冗余不能提高可靠性。

4. 软件可靠性工程

基于软件可靠性目标,在实践领域中,人们提出了软件可靠性工程的概念。它是指使用工程化的管理手段和方法去达到软件可靠性目标。软件测试是软件可靠性工程学中排除错误的典型机制,它已成为工业界中确保质量和改善可靠性的广泛实践。有人提出用代码覆盖指示软件测试的充分程度,它也广泛用于表示错误覆盖。在目前的软件开发中,许多工程技术人员将覆盖作为软件测试效果的可靠指标。

1) 软件可靠性工程同软件工程的关系

软件可靠性工程是软件工程的一个分支,关心的是如何使用可靠性措施来管理软件的开发。可靠性目标可以定位于一种产品、一个系统或一项服务。软件可靠性被描述为:软件按规定的条件,在规定的时间内运行而不发生故障的概率。软件可靠性的核心就是软件可靠性工程。软件可靠性工程也包括故障的类型,以及定义了主要故障的修复策略。同时,分析可靠性和修复成本之间的关系能够有助于开发人员计划和最终确定软件开发过程。

2) 软件可靠性工程区别于软件质量保证

软件可靠性工程和软件质量保证的着眼点不同。后者关注的是内在的,从软件开发组织的角度入手,决定软件开发的过程和所需要用到的文档。而前者则注重外在的,从关心故障出现频率的用户角度出发。

3) 软件可靠性工程对开发成本的影响

用户既关心可靠性,又对性能、低成本以及按时交付充满期待,那么如何平衡二者之间的关系正是软件可靠性工程所关注的。实现可靠性所需的资源和期限必须事先写入软件开发过程,特别是那些可能遇到的主要故障。软件可靠性工程集中了一套行之有效的方法,用来进行错误的预防、监控和消除。

新兴的软件应用的兴起(如移动互联网、云计算技术等),使计算机软件变得更加开放,软件应用覆盖了很宽范围的领域。在开放的世界中,环境不断地变化。软件必须适应变化,并动态地对变化做出反应。软件开发人员应当学会拥抱变化,积极适应需求变更,区分优先次序并详细说明、设计、运行和测试,然后灵活配置软件。为对软件演化做出快速的反应,需要更灵活和动态地调节的可靠性工程学模式,软件开发敏捷化已经在这个方面做出了有益的尝试和探索。

本 章 小 结

本章介绍了软件测试的入门知识,通过案例描述了软件故障为人们工作生活造成的严重后果。并进一步讲述了以下内容。

(1) 软件测试的产生和发展，大致经历了 5 个阶段：萌芽阶段、软件测试第一类方法阶段、软件测试第二类方法阶段、软件测试工程化阶段和软件测试敏捷化阶段。

(2) 软件质量保障定义为：建立一套有计划、有系统的方法，来向管理层保证拟定出的标准、步骤、实践和方法。质量控制、质量保证、质量管理代表软件质量工作的不同层次的内容。

(3) 软件可靠性的定义是：系统在特定的环境下，在给定的时间内，无故障地运行的概率。与排除硬件故障不同，软件可靠性的关键在于人员的能力。软件测试是软件可靠性工作的核心内容。

习题与思考

1. 什么是软件可靠性工程？
2. 什么是软件质量保障？

第 2 章

软件测试的流程与形式

(1) 了解软件测试的基本概念和原则；
(2) 了解软件测试的基本流程和方法；
(3) 初识软件测试的基本任务。

知识结构

软件测试流程与形式知识结构图如图 2.1 所示。

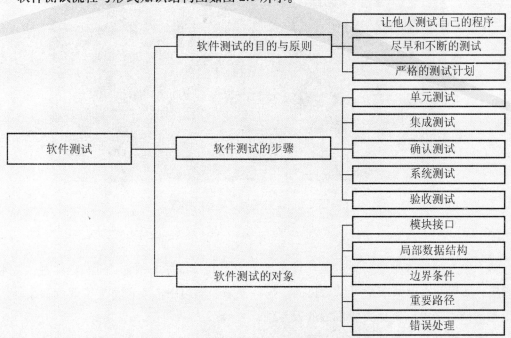

图 2.1　软件测试流程与形式知识结构图

 **导入案例**

首先，让我们了解一个软件 bug 为人类带来的重大损失的案例。

1999 年 12 月 3 日，美航天局：飞船在试图登陆火星表面时失踪。登陆计划是这样设计的:在飞船降落到火星的过程中，降落伞将被打开，减缓飞船的下落速度。降落伞打开后的几秒钟内,飞船的 3 条腿将迅速撑开，并在预定地点着陆，如图 2.2 所示。当飞船离地面 1800 米时，它将丢弃降落伞，点燃登陆推进器，在余下的高度缓缓降落地面。

然而，美国宇航局为了节约成本，简化了确定何时关闭推进器的装置，在飞船的脚上装了一个廉价的触点开关，在计算机中设置一个数据位来关掉燃料。只要飞船的脚不"着地"，引擎就不会熄灭，由于测试工作不够充分，机械振动在大多数情况下也会触发着地开关，设置错误的数据位。这样，当飞船开始着陆时，计算机极有可能关闭推进器，而火星登陆飞船下坠 1800 米之后冲向地面，必然会撞成碎片。

图 2.2　美航天局火星登陆事故

美航天局的火星登陆事故是软件测试中一个非常惨痛的教训。随着软件测试技术的进步，这样的灾难其实是可以避免的。在接下来的学习中，读者将会了解到如果使用集成测试技术是可以避免类似事故的发生的。

本章将从软件测试的定义开始，详细介绍软件测试的内容、流程和基本方法。

2.1　软件测试的基本概念

1. 软件测试的目的

测试的根本目的就是为了发现尽可能多的缺陷。这里的缺陷是一种泛称，它可以指功能的错误，也可以指性能低下、易用性差等。因此，测试是一种"破坏性"行为。

主观上由于开发人员思维的局限性，客观上由于目前开发的软件系统都有相当的复杂性，决定了在开发过程中出现软件错误是不可避免的。若能及早排除开发中的错误，就可以排除给后期工作带来的麻烦，也就避免了付出高昂的代价，从而大大地提高了系统开发过程的效率，因此，软件测试在整个软件开发生命周期的各个环节中都是不可缺少的。

测试的基本任务应该是根据软件开发各阶段的文档资料和程序的内部结构，精心设计一组"高产"的测试用例，利用这些用例执行程序，找出软件潜在的缺陷。一个好的测试用例很可能找到至今为止尚未发现的缺陷的用例；一个成功的测试则是指揭示了至今为止尚未发现的缺陷的测试。

根据 IEEE(1983)标准先定义几个重要概念。

(1) 测试：测试是选择适当的测试用例执行被测试程序的过程，它的目的在于发现程序错误。

(2) 调试：诊断程序的错误性质、出错位置并加以改正的过程。通常由编码人员承担。

(3) 失败：当一个程序不能运行时称为失败。失败是系统执行中出现的情况，失败源于代码缺陷。

(4) 错误：程序中的缺陷所产生的不正确的结果称为错误。

程序中的人为缺陷可导致系统失败(程序不能运行)，也可能出现错误结果(程序可运行)。

正如 E.W.Dijkstra 所说："测试只能证明程序有错(有缺陷)，不能保证程序无错"。因此，能够发现程序缺陷的测试是成功的测试。当然，最理想的是进行程序正确性的完全证明，遗憾的是除非是极小的程序，至今还没有实用的技术证明任何一个程序的正确性。为使程序有效运行，测试与调试是唯一手段。

2. 软件测试的基本原则

一些看着很显而易见的至关重要的原则，总是被人们忽视。然而，正是这些原则被工业实践证明是简洁高效的。

(1) 尽量不由程序开发者进行测试。这是因为开发者在测试自己的程序时存在如下一些弊病。

① 开发者对自己的程序印象深刻，并总以为是正确的。倘若在设计时就存在理解错误，或因不良的编程习惯而留下隐患，那么他本人很难发现这类错误。

② 开发者对程序的功能、接口十分熟悉，他自己几乎不可能因为使用不当而引发错误，这与大众用户的情况不太相似，所以自己测试程序难以具备典型性。

③ 程序设计犹如艺术设计，开发者总是喜欢欣赏程序的成功之处，而不愿看到失败之处。

让开发者去做"蓄意破坏"的测试，就像杀自己的孩子一样难以接受。即便开发者非常诚实，但"珍爱程序"的心理让他在测试时不知不觉地带入了虚假成分。

下面再来看看 Microsoft 公司关于测试的经验教训。

在 20 世纪 80 年代初期，Microsoft 的许多软件产品出现了"Bug"。例如，1981 年与 IBM PC 一起推出的 BASIC 软件，用户在用".1"(或者其他数字)除以 10 时，就会出错。在 FORTRAN 软件中也存在破坏数据的"Bug"。由此激起了许多采用 Microsoft 操作系统的 PC 厂商的极大不满，而且很多个人用户也纷纷投诉。

Microsoft 的经理们发现很有必要引进更好的内部测试与质量控制方法。但是遭到很多程序设计师甚至一些高级经理的坚决反对，他们固执地认为，在高校学生、秘书或者外界合作人士的协助下，开发人员可以自己测试产品。在 1984 年推出 Mac 的 Multiplan(电子表格软件)之前，Microsoft 曾特地请 Authur Anderson 咨询公司进行测试。但是外界公司一般没有能力执行全面的软件测试。结果，一种相当厉害的破坏数据的"Bug"迫使 Microsoft 为它的 2 万多名用户免费提供更新版本，代价是每个版本 10 美元，一共花了 20 万美元，可谓损失惨重。

痛定思痛后，Microsoft 的经理们得出一个结论：如果再不成立独立的测试部门，软件产品就不可能达到更高的质量标准。IBM 和其他有着成功的软件开发历史的公司便是效法的榜样。但 Microsoft 并不照搬 IBM 的经验，而是有选择地采用了一些看起来比较先进的方法，如独立的测试小组、自动测试以及为关键性的构件进行代码复查等。

(2) 应当把"尽早和不断的测试"作为开发者的座右铭。设计测试用例时应该考虑到合法的输入和不合法的输入以及各种边界条件，特殊情况下要制造极端状态和意外状态，如网络异常中断、电源断电等情况以及注意测试中的错误集中发生的地方。

(3) 制定严格的测试计划，并把测试时间安排的尽量宽松，不要希望在极短的时间内完成一个高水平的测试。

对测试错误的结果一定要有一个确认的过程，一般由 A 测试出来的错误，一定要由一个 B 来确认，严重的错误可以召开评审会进行讨论和分析。尽量保障软件测试工作有充足的时间。

(4) 对待测试用例要有正确的态度：①测试用例应当由测试输入数据和预期输出结果这两部分组成；②在设计测试用例时，不仅要考虑合理的输入条件，更要注意不合理的输入条件。因为软件投入实际运行中，往往不遵守正常的使用方法，却进行了一些甚至大量的意外输入导致软件一时半时不能做出适当的反应，就很容易产生一系列的问题，轻则输出错误的结果，重则瘫痪失效！因此常用一些不合理的输入条件来发现更多的鲜为人知的软件缺陷。

(5) 充分注意软件测试中的群集现象，也可以认为是"80-20 原则"。这里是错误群集的地方，对这段程序要重点测试，以提高测试投资的效益。

(6) 妥善保存测试用例、测试计划、测试报告和最终分析报告，以备回归测试及维护之用。

2.2 软件测试的基本步骤和方法

2.2.1 软件测试步骤

软件测试过程按测试的先后次序可分为 5 个步骤进行：单元测试、集成测试、确认测试和系统测试，最后进行验收测试。

(1) 单元测试：分别完成每个单元的测试任务，以确保每个模块能正常工作。单元测试大量地采用了白盒测试方法，尽可能发现模块内部的程序差错。

(2) 集成测试：把已测试过的模块组装起来，进行集成测试。其目的在于检验与软件设计相关的程序结构问题。这时较多地采用黑盒测试方法来设计测试用例。

(3) 确认测试：完成集成测试以后，要对开发工作初期制定的确认准则进行检验。确认测试是检验所开发的软件能否满足所有功能和性能需求的最后手段，通常均采用黑盒测试方法。

(4) 系统测试：完成确认测试以后，给出的应该是合格的软件产品，但为检验它能否与系统的其他部分(如硬件、数据库及操作人员)协调工作，需要进行系统测试。严格地说，系统测试已超出了软件工程的范围。

(5) 验收测试：检验软件产品质量的最后一道工序是验收测试。与前面讨论的各种测试活动的不同之处主要在于它突出了客户的作用，同时软件开发人员也应有一定程度的参与。

软件测试的基本步骤和方法如图 2.3 所示。

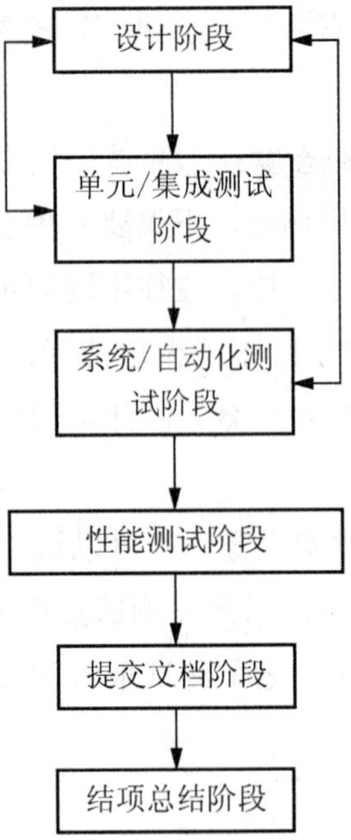

图 2.3　软件测试的基本步骤和方法

2.2.2　软件测试方法

软件测试方法从是否关心软件内部结构和具体实现的角度可划分为白盒测试、黑盒测试、灰盒测试，从是否执行程序的角度可划分为静态测试、动态测试，从软件开发的过程阶段可划分为单元测试、集成测试、确认测试、系统测试、验收测试。

1.　静态测试

静态方法的主要特征是在用计算机测试源程序时，计算机并不真正运行被测试的程序。这说明静态方法一方面要利用计算机作为被测程序进行特性分析的工具，它与人工测试有着根本的区别；另一方面它并不真正运行被测程序，只进行特性分析。因此，静态方法常称为"分析"，静态分析是对被测程序进行特性分析的一些方法的总称，常见的静态测试方法有概要设计审查、详细设计审查、代码审查等。

静态分析并不等同于编译系统，编译系统虽也能发现某些程序错误，但这些错误远非软件中存在的大部分错误，静态分析的查错和分析功能是编译程序所不能代替的。目前，已经开发出一些静态分析系统作为软件测试的工具，静态分析已被当作一种自动化的代码校验方法。不同的方法有各自的目标和步骤，侧重点也不一样。常用的静态测试方法如下。

(1) 桌前检查(Desk Checking)，由程序员检查自己的程序，对源代码进行分析、检验。

(2) 代码会审(Code Reading Review)，由程序员和测试员组成评审小组，按照"常见的错误清单"，进行会议讨论检查。

(3) 步行检查(Walkthroughs)，与代码会审类似，也要进行代码评审，但评审过程主要采取人工执行程序的方式，故也称为"走查"。

步行检查是最常用的静态分析方法，进行步行检查时，还常使用以下分析方法：①调用图从语义的角度考察程序的控制路线；②数据流分析图检查分析变量的定义和引用情况。

2．动态测试

与静态测试不同，动态测试的主要特征是计算机必须真正运行被测试的程序，通过输入测试用例，对其运行情况(输入/输出的对应关系)进行分析。

动态测试方法与静态分析方法的区别是：需要通过选择适当的测试用例，上机执行程序进行测试。常用的方法有：

(1) 白盒测试(White－box Testing)：又称结构测试、逻辑驱动测试或基于程序的测试。它依赖于对程序细节的严密检验，针对特定条件或/与循环集设计测试用例，对软件的逻辑路径进行测试。因此采用白盒测试技术时，必须有设计规约以及程序清单。设计的宗旨就是测试用例尽可能提高程序内部逻辑的覆盖程度，最彻底的白盒测试能够覆盖程序中的每一条路径。但是程序中含有循环后，路径的数量极大，要执行每一条路径变得极不现实。软件的白盒测试用来分析程序的内部结构。

(2) 黑盒测试(Black－box Testing)：又称功能测试、数据驱动测试或基于规格说明的测试，是一种从用户观点出发的测试。用这种法方法进行测试时，把被测程序当作一个黑盒，在不考虑程序内部结构和内部特性，测试者只知道该程序输入和输出之间的关系或程序的功能的情况下，依靠能够反映这一关系和程序功能需求规格的说明书，来确定测试用例和推断测试结果的正确性。软件的黑盒测试被用来证实软件功能的正确性和可操作性。

无论白盒测试还是黑盒测试，关键都是如何选择高效的测试用例。所谓高效的测试用例是指一个用例能够覆盖尽可能多的测试情况，从而提高测试效率。白盒测试和黑盒测试各有自己的优缺点，构成互补关系，在规划测试时需要把白盒测试与黑盒测试结合起来。

(3) 灰盒测试。灰盒测试是介于白盒测试与黑盒测试之间的软件测试方法，灰盒测试关注输出对于输入的正确性，同时也关注内部表现，但这种关注不像白盒那样详细、完整，只是通过一些表征性的现象、事件、标志来判断内部的运行状态，有时候输出是正确的，但内部其实已经错误了，如果每次都通过白盒测试来操作，效率会很低，因此需要采取灰盒的方法。

灰盒测试结合了白盒测试和黑盒测试的要素。它考虑了用户端、特定的系统知识和操作环境，在系统组件的协同性环境中评价应用软件的设计。

灰盒测试由方法和工具组成，这些方法和工具取材于应用程序的内部知识和与之交互的环境，能够用于黑盒测试以增强测试效率、错误发现和错误分析的效率。

灰盒测试涉及输入和输出，但使用关于代码和程序操作等通常在测试人员视野之外的信息设计测试。

3. 单元测试

单元测试是在软件开发过程中要进行的最低级别的测试活动，在单元测试活动中，软件的独立单元将在与程序的其他部分相隔离的情况下进行测试。单元测试不仅仅作为无错编码一种辅助手段在一次性的开发过程中使用，单元测试必须是可重复的，无论是在软件修改，或是移植到新的运行环境的过程中。因此，所有的测试都必须在整个软件系统的生命周期中进行维护。

单元测试具有以下优点。

(1) 它是一种验证行为。程序中的每一项功能都是测试来验证它的正确性，它为以后的开发提供支援。开发后期可以轻松地增加功能或更改程序结构，而不用担心这个过程中会破坏重要的东西。而且它为代码的重构提供了保障。这样，开发人员就可以更自由地对程序进行改进。

(2) 它是一种设计行为。编写单元测试将从调用者观察、思考，特别是先写测试(Test-first)，迫使开发人员把程序设计成易于调用和可测试的，即迫使开发人员解除软件中的耦合。

(3) 它是一种编写文档的行为。单元测试是一种无价的文档，它是展示函数或类如何使用的最佳文档。这份文档是可编译、可运行的，并且它保持最新，永远与代码同步。

(4) 它具有回归性。自动化的单元测试避免了代码出现回归，编写完成之后，可以随时随地地快速运行测试。

4. 集成测试

集成测试是指一个应用系统的各个部件的联合测试，以决定它们能否在一起共同工作并没有冲突。部件可以是代码块、独立的应用、网络上的客户端或服务器端程序。这种类型的测试尤其与客户服务器和分布式系统有关。一般集成测试以前，单元测试需要完成。

集成测试是单元测试的逻辑扩展。它的最简单的形式是：两个已经测试过的单元组合成一个组件，并且测试它们之间的接口。从这一层意义上讲，组件是指多个单元的集成聚合。在现实方案中，许多单元组合成组件，而这些组件又聚合成程序的更大部分。方法是测试片段的组合，并最终扩展进程，将模块与其他组的模块一起测试。最后，将构成进程的所有模块一起测试。此外，如果程序由多个进程组成，应该成对测试它们，而不是同时测试所有进程。

集成测试识别组合单元时出现的问题。通过使用要求在组合单元前测试每个单元，并确保每个单元的生存能力的测试计划，可知在组合单元时所发现的任何错误很可能与单元之间的接口有关。这种方法将可能发生的情况数量减少到更简单的分析级别。

5. 系统测试

系统测试(System Testing)将已经确认的软件、计算机硬件、外设、网络等其他元素结合在一起，进行信息系统的各种组装测试和确认测试，系统测试是针对整个产品系统进行的测试，目的是验证系统是否满足了需求规格的定义，找出与需求规格不符或矛盾的地方，从而提出更加完善的方案。系统测试发现问题之后要经过调试找出错误原因和位置，然后进行改正，是基于系统整体需求说明书的黑盒类测试，应覆盖系统所有联合的部件。对象不仅仅包括需测试的软件，还要包含软件所依赖的硬件、外设甚至某些数据、某些支持软件及其接口等。

主要内容包括：

(1) 功能测试。即测试软件系统的功能是否正确，其依据是需求文档，如《产品需求规格说明书》。由于正确性是软件最重要的质量因素，所以功能测试必不可少。

(2) 健壮性测试。即测试软件系统在异常情况下能否正常运行的能力。健壮性有容错能力和恢复能力两层含义。

(3) 确认测试。即向未来的用户表明系统能够像预定要求那样工作。当软件设计人员按照设计把所有的模块组装成一个完整的软件系统后，需要进一步验证软件的有效性，这就是确认测试的任务，即软件的功能和性能如同用户所合理期待的那样。

(4) 验收测试。即在软件产品完成了功能测试和系统测试之后、产品发布之前所进行的软件测试活动它是技术测试的最后一个阶段，也称为交付测试。验收测试的目的是确保软件准备就绪，并且可以让最终用户将其用于执行软件的既定功能和任务。

2.3　软件测试的基本内容

软件测试的主要目的是检查内部的错误。因此，测试方法应以白盒测试为主。它需要解决 5 个方面的问题：模块接口、局部数据结构、边界条件、重要路径和错误处理。

1. 模块接口

模块接口测试主要检查数据能否正确地通过模块。

针对模块接口的测试，Myers 在关于软件测试的文章中提出了很好的建议，主要涉及以下几点。

(1) 模块接受的输入参数个数与模块的变元个数是否一致？

(2) 参数与变元的属性是否匹配？

(3) 传送给另一个被调用模块的变元个数与参数的个数是否相同？

(4) 传送给另一个被调用模块的变元属性与参数的属性是否匹配？

(5) 传送给另一个被调用模块的变元，其单位是否与参数的单位一致？

(6) 调用内部函数时，变元的个数、属性和次序是否正确？

(7) 在模块有多个入口的情况下，是否已引用与当前入口无关的参数？

(8) 是否会修改只是作为输入值的变元？

(9) 出现全局变量时，这些变量是否在所有引用它们的模块中都有相同的定义？

(10) 有没有把常数当作变量来传送？

2. 局部数据结构

在模块工作过程中，必须测试其内部的数据能否保持完整性，包括内部数据的内容、形式及相互关系不发生错误。应该说，模块的局部数据结构是经常发生错误的错误源，对于局部数据结构的测试应该在单元测试中注意发现以下几类错误。

(1) 不正确的或不一致的类型说明。

(2) 错误的变量名，如拼写错或缩写错。

(3) 不相容的数据类型。

(4) 下溢、上溢或是地址错误。

除局部数据结构外，在单元测试中还应弄清楚全程数据对模块的影响。

3. 重要路径

重要模块要进行基本路径测试，仔细地选择测试路径是单元测试的一项基本任务。测试用例必须能够发现由于计算错误、不正确的判定或不正常的控制流而产生的错误。常见的错误如下。

(1) 误解的或不正确的算术优先级。

(2) 混合模式的运算。

(3) 精度不够精确。

(4) 表达式的不准确符号表示。

针对判定和条件覆盖，测试用例还需能够发现如下错误。

(1) 不同数据类型的比较。

(2) 不正确的逻辑操作或优先级。

(3) 应当相等的地方由于精度的错误而不能相等。

(4) 不正确的判定或不正确的变量。

(5) 不正常的或不存在的循环终止。

(6) 当遇到分支循环时不能退出。

(7) 不适当地修改循环变量。

4. 边界条件

程序最容易在边界上出错，如输入/输出数据的等价类边界、选择条件和循环条件的边界、复杂数据结构的边界等都应进行测试。

5. 错误处理

测试错误处理的要点是模块在工作中发生了错误，其中的错误处理设施是否有效。

程序运行中出现异常现象并不奇怪，良好的设计应该预先估计到投入运行后可能发生的错误，并给出相应的处理措施，使得用户不至于束手无策。检验程序中错误处理问题解决得怎样，可能出现的情况如下：

(1) 对运行发生的错误描述得难以理解。

(2) 所报告的错误与实际遇到的错误不一致。

(3) 出错后，在错误处理之前就引起了系统干预。

(4) 例外条件的处理不正确。

(5) 提供的错误信息不足，以致无法找到出错的原因。

以上 5 个问题的提出，使得测试工程师必须认真考虑：如何设计测试用例，优秀的测试人员能够高效率地发现其中的错误，这是非常关键的问题。

那么如何提高软件技术，尽可能地提高软件质量呢？对于软件测试人员来说，除了工程经验的积累以外，熟练掌握各种测试工具是提高工作效率的必经之路。结合常规的软件开发，可以将软件粗略地分为桌面型(Client/Server，C/S 架构)和网站型(Browser/Server，B/S 架构)两种。在接下来的章节中，将分成两大部分向读者具体介绍常见的工具。

本 章 小 结

本章介绍了软件测试的入门知识，通过案例描述了缺乏软件测试工作后，隐藏的软件故障为人们工作生活造成的严重后果，并进一步讲述了以下内容。

(1) 软件测试的基本原则包括尽量由专业人员进行测试工作以及尽早开始软件测试工作。

(2) 软件测试的基本方法可以分为静态方法和动态方法。常见的静态测试方法有概要设计审查、详细设计审查、代码审查等。常见的动态测试方法有白盒测试、黑盒测试和灰盒测试。

（3）软件测试的主要目的是检查内部的错误，测试方法应以白盒法为主。它需要解决模块接口、局部数据结构、边界条件、重要路径和错误处理 5 个方面的问题。

习题与思考

1．为什么需要安排专业人员进行软件测试？谈谈你的理解。

2．软件测试的基本方法有哪些？如果你是一名测试人员，你将如何设计测试方案？

3．测试方法为什么需要以白盒测试为主？你认同这个观点吗？

第 3 章

敏 捷 实 践

(1) 了解软件开发的几个重要模式；
(2) 了解敏捷开发的原则；
(3) 理解敏捷开发的流程。

敏捷实践的知识结构图如图 3.1 所示

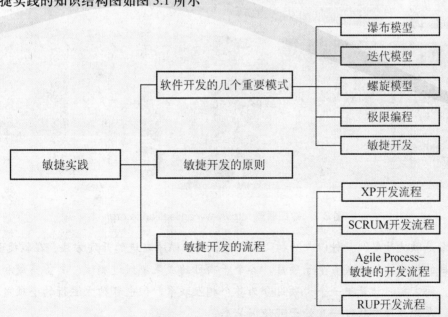

图 3.1 敏捷实践的知识结构图

导入案例

"软件行业是成功的，但也存在很多问题。"——Martin Fowler

软件开发过程中问题不断，如何按时交付，怎样才能控制成本，一直是软件工程反复讨论的问题。随着需求和应用的日趋深入与复杂化，软件开发的难度和遇到的问题以几何级数形式增长。软件开发工程复杂程度高、开发周期长、质量缺乏保障。在《人月神话》中，软件开发被 Brooks 喻为让众多史前巨兽痛苦挣扎，却无力摆脱的焦油坑。为了解决这个问题，软件工程学应运而生。它将软件开发分为需求分析、设计、编码、测试、维护等几个阶段的瀑布式开发软件方法至今仍然被大多数软件开发组织沿用。然而，软件工程学并没有彻底解决软件危机。在实际工作过程中，软件开发的多变性和不可控制性，仍可轻易摧垮项目开始时项目组苦心经营的开发体系和方法。软件危机拉开了软件工程的大幕，但是软件工程却不是软件危机的答案，由此敏捷联盟应运而生，如图 3.2 所示。

2001 年 2 月，17 位世界轻量级方法学家提出了一份敏捷联盟宣言，为软件工业界带来重大变化——标志着软件工程开始进入敏捷时代。敏捷开发正是从轻量级软件开发的角度，对上述问题提出了自己的解决方案。从敏捷开发方法正式出现以来，越来越多的开发人员开始接受这一方法——以人为本的敏捷开发。

图 3.2　敏捷联盟 http://www.agilealliance.org/

什么是敏捷开发？一种以人为核心的、迭代的、循序渐进的开发方法。在敏捷开发中，软件项目的构建被切分成多个子项目，各个子项目的成果都经过测试，具备集成和可运行的特征。简言之，就是把一个大项目分为多个相互联系，但也可独立运行的小项目，并分别完成，在此过程中软件一直处于可使用状态。

敏捷开发是全新理论吗？这可谓仁者见仁智者见智。不难发现，敏捷开发借鉴了大量软件工程中的方法。迭代与增量开发，这两种在任何一本软件工程教材中都会被提到的方法，在敏捷开发模式中扮演了很重要的角色。瀑布式与快速原型法的影子，也被敏捷软件方法采用。

然而，从敏捷开发出现开始，却让以人为本还是以过程为本的争端上升到了理论层面。

"在敏捷开发过程中，人是第一位的，过程是第二位的，" Fowler 表示，"所以就个人来说，应该可以从各种不同的过程中找到真正适合自己的过程。"这与软件工程理论提倡的工作过程优先正好相反。在传统的软件工程看来，人就是工程流水线上可以热拔插的部件。

"做软件是艺术，还是工程？"在软件天才眼中，做软件像是成就一件艺术品：为一个共同的目标，将各人的能力融合在一起，协作创新。在一个彼此熟悉的环境下，监控管理完全忽略不计，流动性也不复存在，能力与协作更不在话下——海阔凭鱼越，天高任鸟飞，每个人将自己的能力充分发挥，完成一幅不世之作。这是先人后过程思路的来源。

而作为管理者，则需要更多地从项目的角度思考问题，人的能力与协作，以及人员的流动性被从更加理性的角度思考。无论采取何种手段，一切必须尽在掌握。在规定的时间和核定的成本内，高质量地完成工作。这是先过程而后人的思路的产生过程。

过程与人，哪个重要？取决于对象和思考方式。实际上，它们是密不可分的，先后顺序只反映了艺术与工程、研究与研发、工程师和企业家间不得不做的艰难取舍。

"在软件开发过程中没办法绝对地判断一个方法比另一个方法好，" Fowler 表示，"因此我们不妨在两种方法中寻找最好的，竞争与合作同时存在——多元化体系往往能起到最好结果。" Fowler 的说法在反映了软件开发模式不确定性的同时，也暗示了未来的发展方向，即在人与过程中寻找最佳平衡。

"没有一种单纯的技术或管理上的进步，能够独立地承诺在 10 年内大幅度地提高软件的生产率、可靠性和简洁性。"图灵奖获得者、计算机科学家 Phillips Brooks 于 1986 年在其著作《没有银弹》中提出了上述论断。

迄今为止，该论断还未被打破。敏捷开发从理论上对其进行了又一次尝试和挑战。为了获得软件开发的"银弹"，敏捷开发方法正尝试着不断修正、补充以期获得良好的效果。

3.1 从瀑布模型、迭代模型、螺旋模型、极限编程到敏捷开发

软件开发是一种对人类智慧的管理，对人大脑思维的"工厂化"管理。人是有感情的、有情绪的、变化的、相对独立的工作单元，冰冷的机器与人是不可比的。软件开发不仅是代码编程，更是人员的有效组织。如何既发挥人的主观能动性，避免情绪变化对工作的影响，又可以让大家有效地交流，让多个大脑的思路统一，快速完成目标任务呢？多年来，软件企业的管理者一直在不断地探索。

另外，有一个问题一直是软件开发管理人员的心病：软件是工具，开发的是客户业务的应用，但客户不了解软件，开发者不了解业务，如何有效沟通是软件质量的重大障

碍。把开发者变成客户业务的专家是个下策，让软件企业付出的代价也是昂贵的。

瀑布模型、极限编程、敏捷开发是有代表性的开发模式，在对开发者、客户、最终的产品的关注上的变化，体现了软件开发管理者在管理模式上的变化。

1. 瀑布开发

瀑布模型(Waterfall Model)是 Royce 在 1970 年提出的，他把大型软件开发分为分析与编程，像工厂流水线一样把软件开发过程分成各种工序，并且每个工序可以根据软件产品的规模、参与人员的多少进一步细分成更细的工序。该模型非常符合软件工程学的分层设计思路，所以成为软件开发企业使用最多的开发模型，如图 3.3 所示。

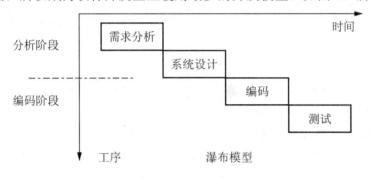

图 3.3　瀑布模型

瀑布模型的特点如下所述。

(1) 强调文档，前一个阶段的输出就是下一个阶段的输入，文档是两个阶段衔接的唯一信息。所以很多开发人员好像是在开发文档，而不是开发软件，因为要到开发的后期，才可以看到软件的"模样"。

(2) 没有迭代与反馈。瀑布模型对反馈没有涉及，所以对变化的客户需求非常不容易适应，瀑布就意味着没有回头路。

(3) 管理人员喜欢瀑布模型的原因是把文档理解为开发的速度，可以方便地界定不同阶段的里程碑。

瀑布模型的用户很多，也有一些反对的意见。

(1) 瀑布模型不适合客户需求不断变化的软件开发，尤其是客户的业务管理的软件，业务随着市场变化，而软件初期的设计可能已经大大变化，而后期的需求更改成本呈现指数级的增长趋势。

(2) 瀑布模型是一种软件文档的开发，把开发者变成流水线上的机器，大量重复性的工作让编程人员提不起兴趣，工作很枯燥，没有激情，编程成了一种没有创意的机械劳动，这让一向以高科技为标志的高级程序人员大为恼火。

(3) 最为重要的一点：瀑布模型的自顶而下的流程让软件开发成本的急剧上升成为了这个瀑布模型为人所诟病最多的地方。迭代而不是自顶而下，这已经成为了商业软件开发的共识。为什么会出现这样的情况呢？如图 3.4 所示。

客户对需求的描述　　项目经理的理解　　　分析师所设计的　　　程序员定出来的　　商业顾问的产品描述

项目文档这样记录的　　实际交付客户的　　　客户如何付账的　　发售之后的技术支持　　客户真正需要的

图 3.4　需求的不确定性是软件开发的根本难题

在这种背景下，极限编程(eXtreme Programming, XP)开始提出自己的观点：文档描述是不可靠的，只有可以工作的软件才是需求最贴切的表达。

2. 迭代模型

一种与传统的瀑布式开发相反的软件开发过程，它弥补了传统开发方式中的一些弱点，具有更高的成功率和生产率。在迭代式开发方法中，整个开发工作被组织为一系列的短小的、固定长度(如 3 周)的小项目，被称为一系列的迭代。每一次迭代都包括了需求分析、设计、实现与测试。采用这种方法，开发工作可以在需求被完整地确定之前启动，并在一次迭代中完成系统的一部分功能或业务逻辑的开发工作。再通过客户的反馈来细化需求，并开始新一轮的迭代，如图 3.5 所示。

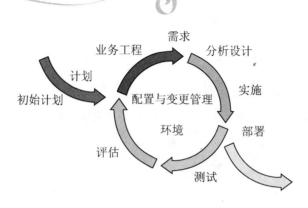

图 3.5　迭代模型

1) 迭代模型的使用条件

(1) 在项目开发早期需求可能有所变化。

(2) 分析设计人员对应用领域很熟悉。

(3) 高风险项目。

(4) 用户可不同程度地参与整个项目的开发过程。

(5) 使用面向对象的语言或统一建模语言(Unified Modeling Language，UML)。

(6) 使用 CASE(Computer Aided Software Engineering，计算机辅助软件工程)工具，如 Rose(Rose 是非常受欢迎的物件软体开发工具。)。

(7) 具有高素质的项目管理者和软件研发团队。

2) 迭代模型的优点

与传统的瀑布模型相比较，迭代过程具有以下优点。

(1) 降低了在一个增量上的开支风险。如果开发人员重复某个迭代，那么损失只是这一个开发有误的迭代的花费。

(2) 降低了产品无法按照既定进度进入市场的风险。通过在开发早期就确定风险，可以尽早来解决而不至于在开发后期匆匆忙忙。

(3) 加快了整个开发工作的进度。因为开发人员清楚问题的焦点所在，他们的工作会更有效率。

(4) 由于用户的需求并不能在一开始就作出完全的界定，它们通常是在后续阶段中不断细化的。因此，迭代过程这种模式使适应需求的变化更容易些。

3. 螺旋模型

螺旋模型采用一种周期性的方法来进行系统开发。这会导致开发出众多的中间版本。使用它，项目经理在早期就能够为客户实证某些概念。该模型是快速原型法，以进化的开发方式为中心，在每个项目阶段使用瀑布模型法。这种模型的每一个周期都包括需求定义、风险分析、工程实现和评审 4 个阶段，由这 4 个阶段进行迭代。软件开发过程每迭代一次，软件开发就又前进一个层次。采用螺旋模型的软件过程如图 3.6 所示。

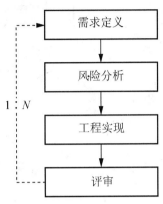

图 3.6　螺旋模型的软件过程

软件过程螺旋模型的基本做法是在"瀑布模型"的每一个开发阶段前引入一个非常严格的风险识别、风险分析和风险控制，它把软件项目分解成一个个小项目。每个小项目都标识一个或多个主要风险，直到所有的主要风险因素都被确定。

螺旋模型强调风险分析，使得开发人员和用户对每个演化层出现的风险有所了解，继而做出应有的反应，因此特别适用于庞大、复杂并具有高风险的系统。对于这些系统，风险是软件开发不可忽视且潜在的不利因素，它可能在不同程度上损害软件开发过程，影响软件产品的质量。减小软件风险的目的是在造成危害之前，及时对风险进行识别及分析，决定采取何种对策，进而消除或减少风险的损害。

1）螺旋模型的迭代

螺旋模型沿着螺线进行若干次迭代，图 3.7 中的 4 个象限代表了以下活动。

（1）制订计划：确定软件目标，选定实施方案，弄清项目开发的限制条件。

（2）风险分析：分析评估所选方案，考虑如何识别和消除风险。

（3）实施工程：实施软件开发和验证。

（4）客户评估：评价开发工作，提出修正建议，制订下一步计划。

螺旋模型由风险驱动，强调可选方案和约束条件从而支持软件的重用，有助于将软件质量作为特殊目标融入产品开发之中。

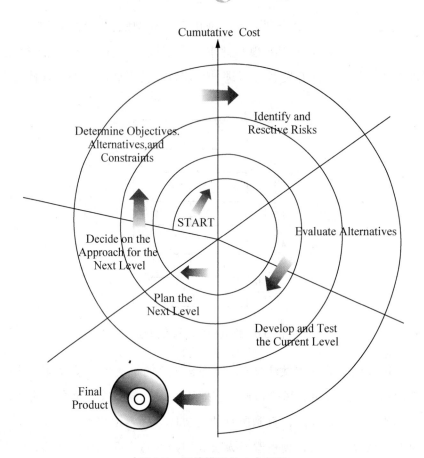

图 3.7　螺旋模型的 4 个象限

2) 螺旋模型能够解决的问题

螺旋模型很大程度上是一种风险驱动的方法体系，因为在每个阶段之前及经常发生的循环之前，都必须首先进行风险评估。在实践中，螺旋法技术和流程变得更为简单。迭代方法体系更倾向于按照开发/设计人员的方式工作，而不是项目经理的方式。螺旋模型中存在众多变量，并且在将来会有更大幅度的增长，该方法体系正良好运作着。螺旋法能够解决的各种问题见表 3-1。

表 3-1　螺旋法能够解决的各种问题

经常遇到的问题	螺旋模型的解决方案
用户需求不够充分	允许并鼓励用户反馈信息
沟通不明	在项目早期就消除严重的曲解
刚性的体系(Overwhelming Architectures)	开发首先关注重要的业务和问题
主观臆断	通过测试和质量保证，作出客观的评估
潜在的不一致	在项目早期就发现不一致问题

续表

经常遇到的问题	螺旋模型的解决方案
糟糕的测试和质量保证	从第一次迭代就开始测试
采用瀑布法开发	在早期就找出并关注风险

3) 螺旋模型的优缺点

螺旋模型的优点描述如下。

(1) 设计上的灵活性，可以在项目的各个阶段进行变更。

(2) 以小的分段来构建大型系统，使成本计算变得简单容易。

(3) 客户始终参与每个阶段的开发，保证了项目不偏离正确方向以及项目的可控性。

(4) 随着项目推进，客户始终掌握项目的最新信息，从而他或她能够和管理层有效地交互。

(5) 客户认可这种公司内部的开发方式带来的良好的沟通和高质量的产品。

螺旋模型的缺点描述如下。

很难让用户确信这种演化方法的结果是可以控制的。建设周期长，而软件技术发展比较快，所以经常出现软件开发完毕后，和当前的技术水平有了较大的差距，无法满足当前用户需求。

4. 极限编程

极限编程诞生于一种加强开发者与用户的沟通需求，让客户全面参与软件的开发设计，保证变化的需求及时得到修正。要让客户能方便地与开发人员沟通，一定要用客户理解的语言，先测试再编码就是先给客户软件的外部轮廓，客户使用的功能展现，让客户感觉到未来软件的样子，先测试再编码与瀑布模型显然是背道而驰的。同时，极限编程注重用户反馈与让客户加入开发是一致的，让客户参与就是随时反馈软件是否符合客户的要求。有了反馈，开发子过程变短，迭代也就很自然出现了，快速迭代，小版本发布都让开发过程变成更多的自反馈过程，有些像更加细化的快速模型法。当然极限编程还加入了很多激励开发人员的"措施"，如结队编程、40 小时工作等。

极限编程是一个轻量级的、灵巧的软件开发方法；同时它也是一个非常严谨和周密的方法。它的基础和价值观是交流、朴素、反馈和勇气；即任何一个软件项目都可以从4 个方面入手进行改善——加强交流；从简单做起；寻求反馈；勇于实事求是。XP 是一种近螺旋式的开发方法，它将复杂的开发过程分解为一个个相对比较简单的小周期；通过积极的交流、反馈以及其他一系列的方法，开发人员和客户可以非常清楚开发进度、变化、待解决的问题和潜在的困难等，并根据实际情况及时地调整开发过程。

极限编程是一种开发管理模式，它强调的重点如下。

1) 角色定位

极限编程把客户非常明确地加入到开发的团队中，并参与日常开发与沟通会议。客户是软件的最终使用者，使用是否合意一定以客户的意见为准。不仅让客户参与设计讨论，而且让客户负责编写用户故事(User Story)，也就是功能需求，包括软件要实现的功能以及完成功能的业务操作过程。用户在软件开发过程中的责任被提到与开发者同样的重要程度。

2) 敏捷开发

敏捷开发追求合作与响应变化。迭代就是缩短版本的发布周期，缩短到周、日，完成一个小的功能模块，可以快速测试并及时展现给客户，以便及时反馈。小版本加快了客户沟通反馈的频率，功能简单，在设计、文档环节大大简化。极限编程中文档不再重要的原因就是因为每个版本功能简单，不需要复杂的设计过程。极限编程追求设计简单，实现客户要求即可，无需为扩展考虑太多，因为客户的新需求随时可以添加。

3) 追求价值

极限编程把软件开发变成自我与管理的挑战，追求沟通、简单、反馈、勇气，体现开发团队的人员价值，激发参与者的情绪，最大限度地调动开发者的积极性，情绪高涨，认真投入，开发的软件质量大大提高。结对编程就是激发队员才智的一种方式。

极限编程把软件开发过程重新定义为聆听、测试、编码、设计的迭代循环过程，确立了测试->编码->重构(设计)的软件开发管理思路。

极限编程的 12 个实践是极限编程者总结的实践经典，是体现极限编程管理的原则，对极限编程具有指导性的意义，但并非一定要完全遵守 12 个实践，主要看它给软件过程管理带来的价值。

1) 小版本

为了高度迭代，与客户展现开发的进展，小版本发布是一个可交流的好办法，客户可以有针对性地提出反馈。但小版本把模块缩得很小，会影响软件的整体思路连贯，所以小版本也需要总体合理的规划。

2) 规划游戏

就是客户需求，以客户故事的形式，由客户负责编写。极限编程不讲求统一的客户需求收集，也不是由开发人员整理，而是采取让客户编写，开发人员进行分析，设定优先级别，并进行技术实现。当然游戏规则可进行多次，每次迭代完毕后再行修改。客户故事是开发人员与客户沟通的焦点，也是版本设计的依据，所以其管理一定是有效的、沟通顺畅的。

3) 现场客户

极限编程要求客户参与开发工作，客户需求就是客户负责编写的，所以要求客户在开发现场一起工作，并为每次迭代提供反馈。

4) 隐喻

隐喻是让项目参与人员都必须对一些抽象的概念理解一致，也就是人们常说的行业术语，因为业务本身的术语开发人员不熟悉，软件开发的术语客户不理解，因此开始要先明确双方使用的隐喻，避免歧异。

5) 简单设计

极限编程体现跟踪客户的需求变化，既然需求是变化的，所以对于目前的需求就不必过多地考虑扩展性的开发，讲求简单设计，实现目前需求即可。简单设计的本身也为短期迭代提供了方便，若开发者考虑的"通用"因素较多，增加了软件的复杂度，开发的迭代周期就会加长。简单设计包括四方面含义：①通过测试；②避免重复代码；③明确表达每步编码的目的，代码可读性强；④尽可能少的对象类和方法。由于采用简单设计，所以极限编程没有复杂的设计文档要求。

6) 重构

重构是极限编程先测试后编码的必然需求，为了整体软件可以先进行测试，对于一些软件要开发的模块先简单模拟，让编译通过，到达测试的目的。然后再对模块具体"优化"，所以重构包括模块代码的优化与具体代码的开发。重构是使用了"物理学"的一个概念，是在不影响物体外部特性的前提下，重新优化其内部的机构。这里的外部特性就是保证测试的通过。

7) 测试驱动开发

极限编程是以测试开始的，为了可以展示客户需求的实现，测试程序优先设计，测试是从客户实用的角度出发，从客户实际使用的软件界面着想，测试是客户需求的直接表现，是客户对软件过程的理解。测试驱动开发也就是客户的需求驱动软件的开发。

8) 持续集成

集成的理解就是提交软件的展现，由于采用测试驱动开发、小版本的方式，所以不断集成(整体测试)是与客户沟通的依据，也是让客户提出反馈意见的参照。持续集成也是完成阶段开发任务的标志。

9) 结对编程

这是极限编程最有争议的实践。就是两个程序员合用一台计算机编程，一个编码，一个检查，增加专人审计是为了提高软件编码的质量。两个人的角色经常变换，保持开发者的工作热情。这种编程方式对培养新人或开发难度较大的软件都有非常好的效果。

10) 代码共有

在极限编程里没有严格的文档管理，代码为开发团队共有，这样有利于开发人员的流动管理，因为所有的人都熟悉所有的编码。

11) 编码标准

编码是开发团队里每个人的工作，又没有详细的文档，代码的可读性是很重要的，所以规定统一的标准和习惯是必要的，有些像编码人员的隐喻。

12) 每周 40 小时工作

极限编程认为编程是愉快的工作，不轻易加班，今天的工作今天做，小版本的设计也为了在单位的时间可以完成工作安排。

5. 敏捷开发

极限编程的思想体现了适应客户需求的快速变化，激发开发者的热情，也是目前敏捷开发思维的重要支持者。

2001 年初，由于看到许多公司的软件团队陷入了不断增长的过程的泥潭，一批业界专家分别代表极限编程、Scrum("棒球"团队开发模式)、特征驱动开发、动态系统开发方法、自适应软件开发、水晶方法、实用编程等开发流派，聚集在一起概括出了一些可以让软件开发团队具有快速工作、响应变化能力的价值观(value)和原则。他们称自己为敏捷(Agile)联盟。在随后的几个月中，他们创建出了一份价值观声明，也就是敏捷联盟宣言(The Manifesto of the Agile Alliance)，见表 3-2。敏捷软件开发是一个开发软件的管理新模式，用来替代以文件驱动开发的瀑布开发模式。敏捷方式也称轻量级开发方法。

表 3-2　敏捷联盟宣言

敏捷软件开发宣言

　　我们正在通过亲身实践以及帮助他人实践，揭示更好的软件开发方法。通过这项工作，我们认为：

(1) 个体和交互胜过过程和工具；

(2) 可以工作的软件胜过面面俱到的文档；

(3) 客户合作胜过合同谈判；

(4) 响应变化胜过遵循计划；

(5) 虽然右项也有价值，但是我们认为左项具有更大的价值。

Kent Beck	James Grenning	Robert C. Martin
Mike Beedle	Jim Highsmith	Steve Mellor
Arie van Bennekum	Andrew Hunt	Ken Schwaber
Alistair Cockburn	Ron Jeffries	Jeff Sutherland
Ward Cunningham	Jon Kern	Dave Thomas
Martin Fowler	Brian Marick	

简单地说，敏捷开发是一种以人为核心、迭代、循序渐进的开发方法。在敏捷开发中，软件项目的构建被切分成多个子项目，各个子项目的成果都经过测试，具备集成和

可运行的特征。换言之，就是把一个大项目分为多个相互联系，但也可独立运行的小项目，并分别完成，在此过程中软件一直处于可使用状态，敏捷开发模型如图 3.8 所示。

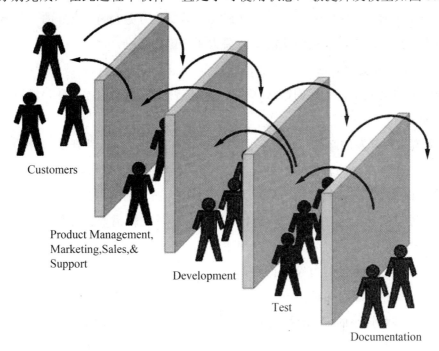

图 3.8 敏捷开发模型

敏捷开发集成了新型开发模式的共同特点，它重点强调以下几方面内容。

(1) 以人为本，注重编程中人的自我特长发挥。人是获得成功的最为重要的因素。如果团队中没有优秀的成员，那么就是使用好的过程也不能从失败中挽救项目，但是，不好的过程却可以使最优秀的团队成员失去效用。如果不能作为一个团队进行工作，那么即使拥有一批优秀的成员也一样会惨败。

一个优秀的团队成员未必就是一个一流的程序员。一个优秀的团队成员可能是一个平均水平的程序员，但是却能够很好地和他人合作。合作、沟通以及交互能力要比单纯的编程能力更为重要。一个由平均水平程序员组成的团队，如果具有良好的沟通能力，将要比那些虽然拥有一批高水平程序员，但是成员之间却不能进行交流的团队更有可能获得成功。

合适的工具对于成功来说是非常重要的。同样地，编译器、IDE、源代码控制系统等，这些对于团队的开发者正确地完成他们的工作是至关重要的。然而，工具的作用可能会被过分地夸大。使用过多的庞大、笨重的工具就像缺少工具一样，都是不好的。

从使用小工具开始，尝试一个工具，直到发现它无法适用时才去更换它。不是急着去购买那些先进的、价格昂贵的源代码控制系统，相反先使用一个免费的系统直到能够证明该系统已经不再适用。在决定为团队购买最好的 CASE 工具许可证(License)前，先使用白板和方格纸，直到有足够的理由表明需要更多的功能。在决定使用庞大的、高性能的数据库系统前，先使用平面文件(Flat File)。不要认为更大的、更好的工具可以自动地帮你做得更好。通常，它们造成的障碍要大于带来的帮助。

记住，团队的构建要比环境的构建重要得多。许多团队和管理者就犯了先构建环境，然后期望团队自动凝聚在一起的错误。相反，应该首先致力于构建团队，然后再让团队基于需要来配置环境。

(2) 强调软件开发的产品是软件，而不是文档。文档是为软件开发服务的，而不是开发的主体。没有文档的软件是一种灾难。代码不是传达系统原理和结构的理想媒介。团队更需要编制易于阅读的文档，来对系统及其设计决策的依据进行描述。

然而，过多的文档比过少的文档更糟。编制众多的文档需要花费大量的时间，并且要使这些文档和代码保持同步，就要花费更多的时间。如果文档和代码之间失去同步，那么文档就会变成庞大的、复杂的谎言，会造成重大的误导。

对于团队来说，编写并维护一份系统原理和结构方面的文档将总是一个好主意，但是那份文档应该是短小的(short)并且主题突出的(Salient)。"短小的"意思是说，最多有一二十页。"主题突出的"意思是说，应该仅论述系统的高层结构和概括的设计原理。

如果全部拥有的仅仅是一份简短的系统原理和结构方面的文档，那么如何来培训新的团队成员，使他们能够从事与系统相关的工作呢？

在给新的团队成员传授知识方面，最好的两份文档是代码和团队。代码真实地表达了它所做的事情。虽然从代码中提取系统的原理和结构信息可能是困难的，但是代码是唯一没有二义性的信息源。在团队成员的头脑中，保存着时常变化的系统的脉络图(Roadmap)。人和人之间的交互是把这份脉络图传授给他人的最快、最有效的方式。

许多团队因为注重文档而非软件，导致进度拖延。这常常是一个致命的缺陷。有一个称为"Martin 文档第一定律(Martin's first law of document)"的简单规则可以预防该缺陷的发生：直到迫切需要并且意义重大时，才来编制文档。

(3) 客户与开发者的关系是协作，不是合约。开发者不是客户业务的"专家"，要适应客户的需求，是要客户合作来阐述实际的需求细节，而不是为了开发软件，把开发人员变成客户业务的专家，这是传统开发模式或行业软件开发企业面临的最大问题。

不能像订购日用品一样来订购软件。客户不能够仅仅写下一份关于客户想要的软件的描述，然后就让人在固定的时间内以固定的价格去开发它。所有用这种方式来对待软件项目的尝试都以失败而告终。有时，失败是惨重的。

告诉开发团队想要的东西，然后期望开发团队一段时间后就能够交付一个满足需要的系统来，这对于公司的管理者来说是具有诱惑力的。然而，这种操作模式将导致低劣的质量和失败。

成功的项目需要有序、频繁的客户反馈。不是依赖于合同或者关于工作的陈述，而是让软件的客户和开发团队密切地在一起工作，并尽量经常地提供反馈。

一个指明了需求、进度以及项目成本的合同存在根本上的缺陷。在大多数的情况下，合同中指明的条款远在项目完成之前就变得没意义了。那些为开发团队和客户的协同工作方式提供指导的合同才是最好的合同。

成功的关键在于和客户之间真诚的协作，合同指导了这种协作，而不是试图去规定项目范围的细节和固定成本下的进度。

(4) 设计周密是为了最终软件的质量，但不表明设计比实现更重要，要适应客户需求的不断变化，设计也要不断跟进，所以设计不能是"闭门造车"、"自我良好"，能不断根据环境的变化，修改自己的设计，指导开发的方向是敏捷开发的目标。

响应变化的能力常常决定着一个软件项目的成败。构建计划时，应该确保计划是灵活的并且易于适应商务和技术方面的变化。

计划不能考虑得过远。首先，商务环境很可能会变化，这会引起需求的变动。其次，一旦客户看到系统开始运作，他们很可能会改变需求。最后，即使开发人员熟悉需求，并且确信它们不会改变，开发人员仍然不能很好地估算出开发它们需要的时间。

对于一个缺乏经验的管理者来说，创建一张优美的 PERT 或者 Gantt 图并把他们贴到墙上是很有诱惑力的。他们也许觉得这张图赋予了他们控制整个项目的权力。他们能够跟踪单个人的任务，并在任务完成时将任务从图上去除。他们可以对实际完成的日期和计划完成的日期进行比较，并对出现的任何偏差做出反应。

实际上这张图的组织结构不再适用。当团队增加了对于系统的认识，当客户增加了对于需求的认识，图中的某些任务变得可有可无。另外一些任务会被发现并增加到图中。简而言之，计划将会遭受形态(Shape)上的改变，而不仅仅是日期上的改变。

较好地做计划的策略是：为下两周做详细的计划，为下三个月做粗略的计划，再以后就做极为粗糙的计划。开发人员应该清楚地知道下两周要完成的任务，粗略地了解一下以后三个月要实现的需求。至于系统一年后将要做什么，有一个模糊的想法就行了。

计划中这种逐渐降低的细致度，意味着开发人员仅仅对于迫切的任务才花费时间进行详细的计划。一旦制定了这个详细的计划，就很难进行改变，因为团队会根据这个计划启动工作并进行相应的投入。然而，由于计划仅仅支配了几周的时间，计划的其余部分仍然保持着灵活性。

敏捷宣言最为核心的思想有两点，介绍如下。

(1) 人比流程重要。敏捷和传统的开发方式最大的不同点在于，传统的软件开发方

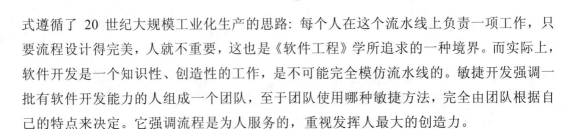

式遵循了 20 世纪大规模工业化生产的思路：每个人在这个流水线上负责一项工作，只要流程设计得完美，人就不重要，这也是《软件工程》学所追求的一种境界。而实际上，软件开发是一个知识性、创造性的工作，是不可能完全模仿流水线的。敏捷开发强调一批有软件开发能力的人组成一个团队，至于团队使用哪种敏捷方法，完全由团队根据自己的特点来决定。它强调流程是为人服务的，重视发挥人最大的创造力。

(2) 能够工作的软件其价值要比文档重要。传统的软件开发方法分为需求分析、设计、编码等不同的阶段，分别由不同的人负责，文档在其中扮演驱动力的角色，不同角色通过文档来进行知识传递和交互。而敏捷开发认为文档是为软件服务的，强调通过快速迭代和持续集成，让各种不同角色的人员可以基于目前已经开发出的软件进行直接沟通交流。这就带来了两个好处：快速反馈和紧密的协作。

重视交付、紧密协作、快速反馈正是敏捷的特殊之处，这些特点保证了敏捷开发能够满足变化的需求。而用传统的软件开发方法开发出的软件成功与否很大程度上取决于需求分析是否有足够的远见，能否把未来的需求都考虑在内，而实际上，这几乎是不可能的。

3.2　敏捷开发原则

从上述的价值观中引出了下面的 12 条原则，它们是敏捷实践区别于重型过程的特征所在。

(1) 最优先要做的是通过尽早地、持续地交付有价值的软件来使客户满意。

MIT Sloan 管理评论杂志刊登过一篇论文，分析了对于公司构建高质量产品方面有帮助的软件开发实践。该论文发现了很多对于最终系统质量有重要影响的实践。其中一个实践表明，尽早地交付具有部分功能的系统和系统质量之间具有很强的相关性。该论文指出，初期交付的系统中所包含的功能越少，最终交付的系统的质量就越高。

该论文的另一项发现是，以逐渐增加功能的方式经常性地交付系统和最终质量之间有非常强的相关性。交付得越频繁，最终产品的质量就越高。

敏捷实践会尽早地、经常地进行交付。在项目刚开始的几周内就交付一个具有基本功能的系统，然后坚持每两周交付一个功能渐增的系统。

如果客户认为目前的功能已经足够了，客户可以选择把这些系统加入到产品中。或者，可以简单地选择再检查一遍已有的功能，并指出他们想要做的改变。

(2) 即使到了开发的后期，也欢迎改变需求。敏捷过程利用变化来为客户创造竞争优势。

这是一个关于态度的声明。敏捷过程的参与者不惧怕变化。他们认为改变需求是好事，因为那些改变意味着团队已经学到了很多如何满足市场需要的知识。

敏捷团队会非常努力地保持软件结构的灵活性，这样当需求变化时，对于系统造成的影响是最小的。在本书的后面部分，将介绍一些面向对象设计的原则和模式。

(3) 经常性地交付可以工作的软件，交付的间隔可以从几周到几个月，交付的时间间隔越短越好。

交付可以工作的软件(working software)，并且尽早地(项目刚开始很少的几周后)、经常性地(此后每隔很少的几周)交付它。不赞成交付大量的文档或者计划，那些不是真正要交付的东西，目标是交付满足客户需要的软件。

(4) 在整个项目开发期间，业务人员和开发人员必须天天都在一起工作。

为了能够以敏捷的方式进行项目的开发，客户、开发人员以及涉众之间必须进行有意义的、频繁的交互。软件项目不像发射出去就能自动导航的武器，必须要对软件项目进行持续不断地引导。

(5) 围绕被激励起来的个人来构建项目。给他们提供所需要的环境和支持，并且信任他们能够完成工作。

在敏捷项目中，人被认为是项目取得成功的最重要的因素。所有其他的因素——过程、环境、管理等——都被认为是次要的，并且当它们对于人有负面的影响时，就要对它们进行改变。

例如，如果办公环境对团队的工作造成阻碍，就必须对办公环境进行改变。如果某些过程步骤对团队的工作造成阻碍，就必须对那些过程步骤进行改变。

(6) 在团队内部，最具有效果并且富有效率的传递信息的方法，就是面对面的交谈。

在敏捷项目中，人们之间相互进行交谈。首要的沟通方式就是交谈。也许会编写文档，但是不会企图在文档中包含所有的项目信息。敏捷团队不需要书面的规范、书面的计划或者书面的设计。团队成员可以去编写文档，如果对于这些文档的需求是迫切并且意义重大的，但是文档不是默认的沟通方式。默认的沟通方式是交谈。

(7) 工作的软件是首要的进度度量标准。

敏捷项目通过度量当前软件满足客户需求的数量来度量开发进度。它们不是根据所处的开发阶段、已经编写的文档的多少或者已经创建的基础结构(Infrastructure)代码的数量来度量开发进度的。只有当30%的必须功能可以工作时，才可以确定进度完成了30%。

(8) 敏捷过程提倡可持续的开发速度。责任人、开发者和用户应该能够保持一个长期的、恒定的开发速度。

敏捷项目不是 50 米短跑；而是马拉松长跑。团队不是以全速启动并试图在项目开发期间维持那个速度；相反，它们以快速可持续的速度行进。

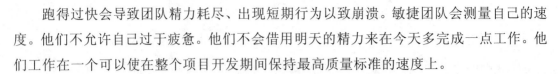

跑得过快会导致团队精力耗尽、出现短期行为以致崩溃。敏捷团队会测量自己的速度。他们不允许自己过于疲惫。他们不会借用明天的精力来在今天多完成一点工作。他们工作在一个可以使在整个项目开发期间保持最高质量标准的速度上。

(9) 不断地关注优秀的技能和好的设计会增强敏捷能力。

高的产品质量是获取高的开发速度的关键。保持软件尽可能的简洁、健壮是快速开发软件的途径。因而，所有的敏捷团队成员都致力于只编写他们能够编写的最高质量的代码。他们不会制造混乱然后告诉自己等有更多的时间时再来清理它们。如果他们今天制造了混乱，他们会在今天把混乱清理干净。

(10) 简单——使未完成的工作最大化的艺术——是根本的。

敏捷团队不会试图去构建那些华而不实的系统，他们总是更愿意采用和目标一致的最简单的方法。他们并不看重对于明天会出现的问题的预测，也不会在今天就对那些问题进行防卫。相反，他们在今天以最高的质量完成最简单的工作，深信如果在明天发生了问题，也会很容易进行处理。

(11) 最好的构架、需求和设计出自于自组织的团队。

敏捷团队是自组织的团队。任务不是从外部分配给单个团队成员，而是分配给整个团队，然后再由团队来确定完成任务的最好方法。

敏捷团队的成员共同解决项目中所有方面的问题。每一个成员都具有项目中所有方面的参与权力。不存在单一的团队成员对系统构架、需求或者测试负责的情况。整个团队共同承担责任，每一个团队成员都能够影响它们。

(12) 每隔一定时间，团队会在如何才能更有效地工作方面进行反省，然后相应地对自己的行为进行调整。

敏捷团队会不断地对团队的组织方式、规则、规范、关系等进行调整。敏捷团队知道团队所处的环境在不断地变化，并且知道为了保持团队的敏捷性，就必须要随环境一起变化。

3.3　常见的敏捷开发流程

1. XP 开发流程——eXtreme Programming

XP 亦称为终极流程，是最轻量级的开发流程，其最主要的精神是"在客户有系统需求时，给予及时满意的可执行程式"，所以最适合需求快速变动的专案。XP 经过 6 年的实作与修改，已演化为精致的开发流程，但仍不失其精简的特性，它强调客户所要的是 Workable 的执行码，所以把与撰写程式无关的工作降至最低，并要求客户与开发人员最好以 Side-by-Side 的方式一起工作。

XP 开发流程的基本步骤如下。

(1) 开发人员随时可以和客户进行有效沟通，撰写 User Stories 以确认需求。

(2) 简易快速的系统设计，撰写独立的验证程式以解决特殊困难的问题，找出演算法即可丢弃验证程式。

(3) 规划多次小型阶段的专案计划，以最快速度完成每一阶段的程式交付客户，客户负责 Acceptance Tests。

(4) Coding 前必须完成 Unit Tests 与 Acceptance Tests 程序，所有模组整合前都须经过 Unit Tests。

(5) 开发人员必须快速回应 Bug 与需求变更。

(6) 要求二人一组使用一台计算机设计程式，当一人 Coding 时，另一人负责思考与设计。

(7) 程式必须符合程式规范，并常做程式的重整(Refactoring)。

XP 属于较精简的流程，导入时应注意几件事情。

(1) 最好有顾问给予协助。

(2) 持续的 Review。

(3) 可适当调整流程，但不可失去其基本精神。

2．SCRUM 开发流程

SCRUM 开发流程是 Agile Process 的一种，以英式橄榄球争球队形(Scrum)为名，基本假设是"开发软体就像开发新产品，无法一开始就能定义 Final Product 的规程，过程中需要研发、创意、尝试错误，所以没有一种固定的流程可以保证专案成功"。Scrum 将软体开发团队比拟成橄榄球队，有明确的最高目标，熟悉开发流程中所需具备的最佳典范与技术，具有高度自主权，紧密地沟通合作，以高度弹性解决各种挑战，确保每天、每个阶段都朝向目标有明确的推进，因此 SCRUM 非常适用于产品开发专案。

SCRUM 开发流程通常以 30 天为一个阶段，由客户提供新产品的需求规格开始，开发团队与客户于每一个阶段开始时挑选该完成的规格部分，开发团队必须尽力于 30 天后交付成果，团队每天用 15 分钟开会检视每个成员的进度与计划，了解所遭遇的困难并设法排除。

值得向读者介绍的是，SCRUM 在微软的 VS2010 版本中已经提供了原生支持。相信轻量级的敏捷开发管理会被越来越多地推广和采用。

3．Agile Process——敏捷的开发流程

几乎所有的软体专案都会在起始阶段面临选择开发流程的困难，一种是完备的开发

流程，另一种是简易轻便的流程。虽然采用完备的开发流程可以提高软体的品质，但是因为欠缺人力、工具与时间，开发人员常会被迫采用简化的流程，但事与愿违，大部分的情况开发人员仍然难以在预算内及时完成专案。

Agile Process (敏捷的开发流程)是一种软体开发流程的泛称，Agile Process 具有下列几项共同的特性。

(1) 客户与开发人员形成密切合作的团队，因为客户无法于初期定义完整的规格，而开发人员于开发过程中也常常无法知悉外在环境或业务的变动，所以需要两者密切合作方能开发适用的软体。

(2) 专案最终的目标是可执行的程式，因此所有的中间产品必须经过审慎评估，确认有助于最终目标，才需要制作中间产品。

(3) 采用 Iterative 与 Incremental 方式分阶段进行，密集 Review 是否符合需求。

(4) 流程可以简单，但规划与执行必须严谨。

(5) 强调团队合作，赋予高度的责任，团队有自主权得以应变化做调整。

那么如何组织和规范敏捷软件的开发过程？使用什么样的技术来完成敏捷软件开发呢？这将是下一章的重点——测试驱动开发技术。

4. RUP 开发流程——Rational Unify Process

RUP 为 IBM Rational 经过多年的研发与经验所提出的软体开发流程，其内容涵盖 Business Modeling、Requirement Modeling、Logical Design、Implementation、Testing、Deployment 等软体开发生命周期的直接工作，与 Project Management、Change & Configuration Management、Environment Support 等支援性工作。RUP 的内容非常丰富，不同的专案需要不同调整，IBM Rational 提供 RUP Workbench 工具，方便调整 RUP，并公布于 Web，方便专案成员遵循统一的流程规范进行工作。

RUP 的主要精神为：①专案进行采用 Iterative 程序分阶段渐进地完成专案功能；②广泛使用 Visual Modeling 于商业需求分析、系统分析与系统设计；③强调架构设计；④对每项工作所需要的技术、工具、做法、范本、检查项目均有详细的定义，架构完备且具有可调整的弹性。

因为 RUP 的流程规范与相关技术较复杂，所以导入时必须注意几个因素：①主管的支持以确保足够的资源投入；②分阶段导入；③适当的训练与密切的顾问咨询；④使用 Modeling 技术时需要考量 Coding 的实作环境；⑤良好团队的管理，以沟通、耐心与坚持解决变革的人性阻力。

本 章 小 结

本章介绍了软件开发的几个模式，敏捷开发的历史、原则、基本流程，通过案例描述了软件开发模式的发展为编程人员带来的各类变化。并进一步讲述了以下内容。

(1) 软件开发的几个重要模式，分别为瀑布模型、迭代模型、螺旋模型、极限编程和敏捷开发。

(2) 敏捷开发的核心思想是以人为本，注重编程中人的自我特长发挥以及强调软件开发的产品是软件，而不是文档。两个重要核心，12 个敏捷开发的原则。

(3) 常见的敏捷开发流程包括 XP 开发流程——eXtreme Programming、SCRUM 开发流程、Agile Process——敏捷的开发流程、RUP 开发流程。

习题与思考

1. 软件开发有哪几个重要模式？
2. 敏捷开发的几个重要流程以及特点分别是什么？

第 4 章

测试驱动开发

(1) 了解测试驱动开发的基本概念、原则以及相应优势；

(2) 初识测试驱动开发的原理，开发过程以及相应技术；

(3) 对测试驱动开发时的测试粒度、保证测试代码的正确性有所了解。

知识结构

测试驱动开发的知识结构图如图 4.1 所示。

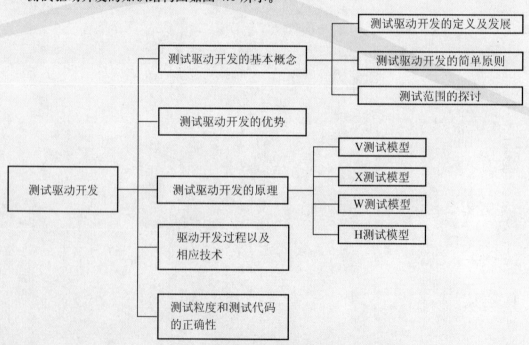

图 4.1　测试驱动开发的知识结构图

导入案例

人们经常能在软件公司里面看到以下场景。

开发部:

当有一个新的开发任务时,往往第一个念头就是如何去实现它。

"应该是这么做的吧?嗯,差不多就是这样的"。

抓起任务就开始编码。一边写,一边修改和设计。

时间这么紧,我还是先实现任务吧,然后再好好测试。

还是不工作,时间不多了。不管了,还是先做个实现,以后再来整理代码吧。

我已经单步调试了好几次了,遍历了所有可能的分支,应该不会有问题了,提交,今天可以好好休息一下了。

要不要写单元测试把刚才单步调试的步骤写下来啊?那样是很好,但工作量很大哦。

这样的情况要作自动测试太复杂了。还是手工测试一下吧。

程序员应该做些有创意的东西,这样才有趣啊。

测试是 QA 的事,我为什么要做啊?我做了他们干什么啊?

奇怪了,怎么代码跟开发文档上有这么大的差别啊?

这段代码究竟想表达什么意思?

代码现在越来越乱了,我都不敢修改代码了,修改了这个地方,天晓得会引起多少别的地方出错啊!

这个地方的代码怎么好像在哪个地方看到过啊?这个程序里怎么会有这么多的重复代码呢?

客户部:

开发部在干什么啊,Bug 怎么这么多,他们有没有自己先测试一下啊。

这下好了,让他们修改了一个 Bug,现在一下子来了这么多的 Bug。

他们到底在搞什么啊,有没有从用户的角度考虑啊,我新增一个采购订单,订单项竟然可以输入负数。

上述的矛盾完全可以避免。前文已经向读者介绍了当代软件过程的发展趋势,在敏捷过程大行其道的今天,如何成就敏捷过程、应对软件危机,成为了软件技术人员乐此不疲的话题。传统的 CMMI 已经让软件设计人员疲惫不堪,主张减少文档编写的敏捷过程,又是如何保证软件质量的呢?有过开发经历的人员大都有这样的体会:虽然痛恨

编写文档,但同时又不得不承认文档对于软件维护不可替代的作用。对此,敏捷给出的答案是:测试先行——通过测试构建全部的开发流程。这就是测试驱动开发的主题,由测试来驱动软件开发的流程。

4.1 测试驱动开发的基本概念

1. 测试驱动开发的定义以及发展

测试驱动开发(Test-Driven Development,TDD)是现代计算机软件开发方法的一种。利用测试来驱动软件程序的设计和实现。测试驱动开始流行于 20 世纪 90 年代。测试驱动开发是极限编程中倡导的程序开发方法,方法主要是先写测试程序,然后再编码使其通过测试。测试驱动开发的目的是取得快速反馈并使用"Illustrate The Main Line"方法来构建程序。

测试驱动开发的比喻。开发可以从两个方面去看待:实现的功能和质量。测试驱动开发更像两顶帽子思考法的开发方式,先戴上实现功能的帽子,在测试的辅助下,快速实现正确的功能;再戴上重构的帽子,在测试的保护下,通过去除冗余和重复的代码,提高代码重用性,实现对质量的改进。TDD 的基本思路就是通过测试来推动整个开发的进行。而测试驱动开发技术并不只是单纯的测试工作。

传统开发的各个阶段,包括需求分析、概要设计、详细设计,编码过程中都应该考虑相对应的测试工作,完成相关的测试用例的设计、测试方案、测试计划的编写。这里提到的开发阶段只是举例,根据实际的开发活动进行调整。相关的测试文档也不一定是非常详细复杂的文档,或者什么形式,但应该养成测试驱动的习惯。

2. 测试驱动开发的简要原则

1) 测试驱动开发的原则

(1) 测试隔离。不同代码的测试应该相互隔离。对一块代码的测试只考虑此代码的测试,不要考虑其实现细节(比如它使用了其他类的边界条件)。

开发人员开发过程中要做不同的工作,如编写测试代码、开发功能代码、对代码重构等。做不同的事,承担不同的角色。开发人员完成对应的工作时应该保持注意力集中在当前工作上,而不要过多地考虑其他方面的细节。避免考虑无关细节过多,无谓地增加复杂度。

(2) 设计测试列表。需要测试的功能点很多。应该在任何阶段想添加功能需求问题时,把相关功能点添加到测试列表中,然后继续手头工作。然后不断地完成对应的测试用例、功能代码、重构。避免疏漏，也避免干扰当前进行的工作。

(3) 小步前进与及时重构。无论是功能代码还是测试代码，对结构不合理、重复的代码等情况，在测试通过后，及时进行重构。

软件开发是个复杂性非常高的工作，开发过程中要考虑很多东西，包括代码的正确性、可扩展性、性能等，很多问题都是因为复杂性太大导致的。极限编程提出了一个非常好的思路——小步前进。把所有的规模大、复杂性高的工作，分解成小的任务来完成。对于一个类来说，一个功能一个功能的完成，如果太困难就再分解。每个功能的完成就走测试代码—功能代码—测试—重构的循环。通过分解降低整个系统开发的复杂性。这样的效果非常明显。几个小的功能代码完成后，大的功能代码几乎不用调试就可以通过。一个个类方法的实现，整个类很快就完成。

2) 测试的范围

对哪些功能进行测试？会不会太烦琐？什么时候可以停止测试？

测试驱动开发强调测试并不应该是负担，而应该是帮助开发人员减轻工作量的方法。而对于何时停止编写测试用例，也是应该根据经验，功能复杂、核心功能的代码就应该编写更全面、细致的测试用例，否则测试流程即可。

测试范围没有静态的标准，同时也应该可以随着时间改变。对于开始没有编写足够的测试的功能代码，随着 Bug 的出现，根据 Bug 补齐相关的测试用例即可。

最后，测试用例的编写使用传统的测试技术。操作过程尽量模拟正常使用的过程。其注意事项如下。

(1) 全面的测试用例应该尽量做到分支覆盖，核心代码尽量做到路径覆盖。

(2) 测试数据尽量包括真实数据、边界数据。

(3) 测试语句和测试数据应该尽量简单，容易理解。

(4) 为了避免对其他代码过多依赖，可以实现简单的桩函数或桩类(Mock Object)。

(5) 如果内部状态非常复杂或者应该判断流程而不是状态，可以通过记录日志字符串的方式进行验证。

4.2　测试驱动开发的优势

TDD 的基本思路就是通过测试来推动整个开发的进行。而测试驱动开发技术并不只是单纯的测试工作。

需求向来都是软件开发过程中感觉最不好明确描述、易变的东西。这里说的需求不只是指用户的需求，还包括对代码的使用需求。很多开发人员最害怕的就是后期还要修改某个类或者函数的接口，之所以会发生这样的事情，就是因为这部分代码的使用需求没有很好的描述。测试驱动开发就是通过编写测试用例，先考虑代码的使用需求(包括功能、过程、接口等)，而且这个描述是无歧义的，可执行验证的。

通过编写这部分代码的测试用例，对其功能的分解、使用过程、接口都进行了设计。而且这种从使用角度对代码的设计通常更符合后期开发的需求。可测试的要求，对代码的内聚性的提高和复用都非常有益。因此测试驱动开发也是一种代码设计的过程。

开发人员通常对编写文档非常厌烦，但要使用、理解别人的代码，通常又希望能有文档进行指导。而测试驱动开发过程中产生的测试用例代码就是对代码的最好的解释。

快乐工作的基础就是对自己有信心，对自己的工作成果有信心。目前，很多开发人员经常在担心："代码是否正确？"；"辛苦编写的代码还有没有严重 Bug？""修改的新代码对其他部分有没有影响？"。这种担心甚至导致某些代码应该修改却不敢修改。测试驱动开发提供的测试集可以作为信心的来源。

测试驱动开发最重要的功能在于保障代码的正确性，能够迅速发现、定位 Bug。而迅速发现、定位 Bug 是很多开发人员的梦想。针对关键代码的测试集，以及不断完善的测试用例，为迅速发现、定位 Bug 提供了条件。

4.3　测试驱动开发的原理

测试驱动开发的基本思想就是在开发功能代码之前，先编写测试代码。也就是说，在明确要开发某个功能后，首先思考如何对这个功能进行测试，并完成测试代码的编写，然后编写相关的代码满足这些测试用例。然后循环添加其他功能，直到完成全部功能的开发。

这里把这个技术的应用领域从代码编写扩展到整个开发过程。应该对整个开发过程的各个阶段进行测试驱动，首先思考如何对这个阶段进行测试、验证、考核，并编写相关的测试文档，然后开始下一步工作，最后再验证相关的工作。

1. V 测试模型

图 4.2 是一个比较流行的测试模型：V 测试模型。

在软件测试方面，V 模型是最广为人知的模型，尽管很多富有实际经验的测试人员还是不太熟悉 V 模型，或者其他的模型。V 模型已存在了很长时间，和瀑布开发模型有着一些共同的特性，由此也和瀑布模型一样地受到了批评和质疑。V 模型中的过程从左到右，描述了基本的开发过程和测试行为。V 模型的价值在于它非常明确地标明了测试过程中存在的不同级别，并且清楚地描述了这些测试阶段和开发过程期间各阶段的对应关系。

需求分析
概要设计
详细设计
编码
单元测试
集成测试
系统测试
验收测试

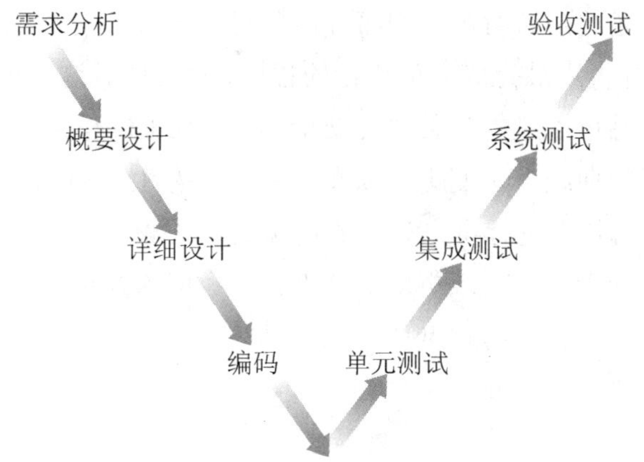

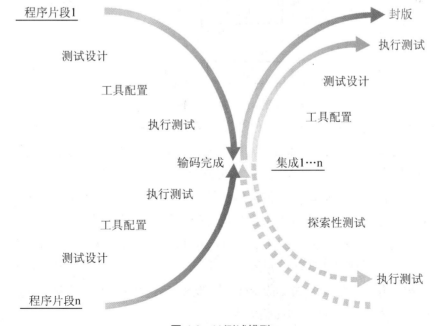

图 4.2 V 测试模型

在开发的各个阶段(包括需求分析、概要设计、详细设计、编码过程)都应该考虑相对应的测试工作，完成相关的测试用例的设计、测试方案、测试计划的编写。这里提到的开发阶段只是举例，根据实际的开发活动进行调整。相关的测试文档也不一定是非常详细复杂的文档，或者什么形式，但应该养成测试驱动的习惯。

局限性：把测试作为编码之后的最后一个活动，需求分析等前期产生的错误直到后期的验收测试才能被发现。

2. X 测试模型

X 测试模型如图 4.3 所示。X 测试模型对详细阶段和编码阶段进行建模，更详细地描述了详细设计和编码阶段的开发行为，针对某个功能进行对应的测试驱动开发。

程序片段1
测试设计
工具配置
执行测试
输码完成
执行测试
工具配置
测试设计
程序片段n
封版
执行测试
测试设计
工具配置
集成1…n
探索性测试
执行测试

图 4.3 X 测试模型

X 模型的左边描述的是针对单独程序片段所进行的相互分离的编码和测试,此后将进行频繁的交接,通过集成最终成为可执行的程序,然后再对这些可执行程序进行测试。已通过集成测试的成品可以进行封装并提交给用户,也可以作为更大规模和范围内集成的一部分。多根并行的曲线表示变更可以在各个部分发生。由图 4.3 中可见,X 模型还定位了探索性测试,它是不进行事先计划的特殊类型的测试,这一方式往往能帮助有经验的测试人员在测试计划之外发现更多的软件错误。但这样可能对测试造成人力、物力和财力的浪费,对测试员的熟练程度要求比较高。

3. W 测试模型

W 模型由 Evolutif 公司提出,相对于 V 模型而言,W 模型增加了软件各开发阶段中应同步进行的验证和确认活动。如图 4.4 所示,W 模型由两个 V 字型模型组成,分别代表测试与开发过程,图中明确表示出了测试与开发的并行关系。

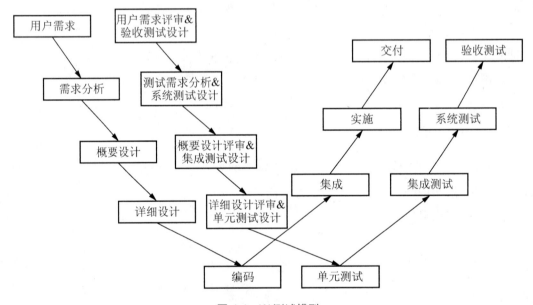

图 4.4　W 测试模型

W 模型强调:测试伴随着整个软件开发周期,而且测试的对象不仅仅是程序,需求、设计等同样要测试,也就是说,测试与开发是同步进行的。W 模型有利于尽早地全面地发现问题。例如,需求分析完成后,测试人员就应该参与到对需求的验证和确认活动中,以尽早地找出缺陷所在。同时,对需求的测试也有利于及时了解项目难度和测试风险,及早制定应对措施,这将显著减少总体测试时间,加快项目进度。

但 W 模型也存在局限性。在 W 模型中,需求、设计、编码等活动被视为串行的,同时,测试和开发活动也保持着一种线性的前后关系,上一阶段完全结束,才可正式开始下一个阶段工作。这样就无法支持迭代的开发模型。对于当前软件开发复杂多变的情况,W 模型并不能解除测试管理面临的困惑。

4．H 测试模型

H 模型将测试活动完全独立出来，形成了一个完全独立的流程，将测试准备活动和测试执行活动清晰地体现出来，如图 4.5 所示。这个示意图仅仅演示了在整个生产周期中某个层次上的一次测试"微循环"，图中标注的其他流程可以是任意的开发流程，例如，设计流程或编码流程。也就是说，只要测试条件成熟，测试准备活动完成了，测试执行活动就可以(或者说需要)进行了。

H 模型揭示了一个原理：软件测试是一个独立的流程，贯穿产品的整个生命周期，与其他流程并发地进行。H 模型指出软件测试要尽早准备，尽早执行。不同的测试活动可以是按照某个次序先后进行的，但也可能是反复的，只要某个测试达到准备就绪点，测试执行活动就可以开展。

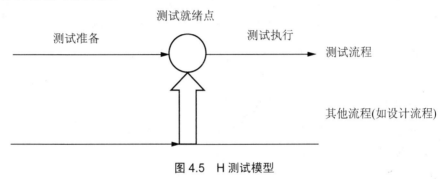

图 4.5　H 测试模型

4.4　测试驱动开发的原则

原则上应该从以下几个方面谈起：测试隔离，测试单一，测试列表，测试驱动，先写断言，可测试性，及时重构，小步前进。

(1) 测试隔离。不同代码的测试应该相互隔离。对一块代码的测试只考虑此代码的测试，不要考虑其实现细节(如它使用了其他类的边界条件)。

(2) 测试单一。开发人员开发过程中要做不同的工作，比如编写测试代码、开发功能代码、对代码重构等。做不同的事，承担不同的角色。开发人员完成对应的工作时应该保持注意力集中在当前工作上，而不要过多地考虑其他方面的细节，保证头上只有一顶帽子。避免考虑无关细节过多，无谓地增加复杂度。

(3) 测试列表。需要测试的功能点很多。应该在任何阶段想添加功能需求问题时，把相关功能点添加到测试列表中，然后继续手头工作。然后不断地完成对应的测试用例、功能代码、重构。避免疏漏，也避免干扰当前进行的工作。

(4) 测试驱动。这个比较核心。完成某个功能、某个类，首先编写测试代码，考虑

其如何使用、如何测试。然后再对其进行设计、编码。

(5) 先写断言。测试代码编写时，应该首先编写对功能代码的判断用的断言语句，然后编写相应的辅助语句。

(6) 可测试性。功能代码设计、开发时应该具有较强的可测试性。其实遵循比较好的设计原则的代码都具备较好的测试性。比如比较高的内聚性，尽量依赖于接口等。

(7) 及时重构。无论是功能代码还是测试代码，对结构不合理、重复的代码等情况，在测试通过后，应及时进行重构。

(8) 小步前进。软件开发是个复杂性非常高的工作，开发过程中要考虑很多东西，包括代码的正确性、可扩展性、性能等，很多问题都是复杂性太大导致的。极限编程提出了一个非常好的思路——小步前进。把所有的规模大、复杂性高的工作，分解成小的任务来完成。对于一个类来说，一个功能一个功能的完成，如果太困难就再进行分解。每个功能的完成就走测试代码—功能代码—测试—重构的循环。通过分解降低整个系统开发的复杂性。几个小的功能代码完成后，大的功能代码几乎不用调试就可以通过。一个个类方法的实现，整个类很快就完成。

程序中的每一项功能都由测试来验证它操作的正确性。这个测试套件可以给以后的开发提供支援。开发人员可以向程序中增加功能，或者更改程序结构，而不用担心在这个过程中会破坏重要的东西。

首先编写测试可以迫使我们从不同角度考虑问题，从程序调用者的有利视角去观察编写的程序。这样，在关注程序功能的同时，直接关注它的接口。通过首先编写测试代码，便于设计出调用的软件。

此外首先编写测试，迫使开发人员把程序设计为可测试的。把程序设计为易于调用和可测试的是非常重要的。为了成为易于调用和可测试的，程序必须和它的周边环境解耦。

测试可以作为一种非常有价值的文档。测试就像一套范例，它帮助其他程序员了解如何使用代码。这份文档是可编译、可运行的。它不断地修正代码的正确性。

4.5 测试驱动开发的过程与技术

敏捷软件过程的基本原理非常简单，那么应该如何进行实际操作？

软件开发其他阶段的测试驱动开发，根据测试驱动开发的思想完成对应的测试文档即可。下面针对详细设计和编码阶段进行介绍。

测试驱动开发如图 4.6 所示，其基本过程如下。

(1) 定义应用程序的要求。

(2) 熟悉应用程序的功能区域，确定要使用的单项功能项或功能要求。

(3) 创建验证要求的测试列表。

(4) 为功能或要求定义接口和类。

(5) 编写测试代码。

(6) 运行测试。

(7) 根据测试生成产品代码。

(8) 重新运行测试，根据测试修改产品代码，直到所有测试都通过。

(9) 整理代码。

(10) 重复上面的步骤。

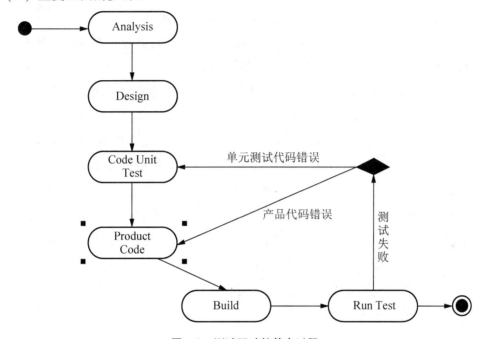

图 4.6　测试驱动的基本过程

为了保证整个测试过程快捷、方便，通常可以使用测试框架组织所有的测试用例。一个免费的、优秀的测试框架是 Xunit 系列，几乎所有的语言都有对应的测试框架。

换一个角度来看一下：什么是测试驱动开发？把测试写在设计的代码之前就是测试驱动开发吗？测试驱动开发就是把需求用测试描述出来。TDD 的实质仍然是以需求来驱动开发，只是，TDD 中把需求进一步写成了测试，就成了测试驱动开发。

这么做的好处有以下几条。

(1) 代码是可测试的。

(2) 代码完全反映了需求。

(3) 通过测试驱动，会规范代码和结构，甚至架构。

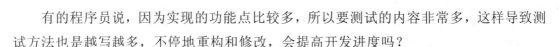

有的程序员说，因为实现的功能点比较多，所以要测试的内容非常多，这样导致测试方法也是越写越多，不停地重构和修改，会提高开发进度吗？

是的，最开始，TDD 花的时间确实比别人多一点，多多少呢？假定一个测试方法，一般情况下用 10 分钟就足够写好了。那么重构代码正常的话，1～2 个小时足够了。注意 TDD 给的好处——每次修改完一个功能，开发人员可以运行全部的测试，这样，知道修改对以前的改动是不是造成了负面的影响。

一段时间下来，能运行的测试类有百十多个，需要注意的是，并非写了百十多个测试方法，因为有的测试类是通过继承来实现的，这是因为商业软件虽然有许多页面，很可能就是视图呈现的不同，剩下的增删改查都相同。这样，每次系统改动的时候，只要把这些测试全运行一次，就知道当前的模块是不是有问题。

如果不用 TDD 呢？每一个功能点仍然在手动测试，每次一个更新，开发人员都要手动去测试每一个地方，而且不能保证测试到了每一个地方。

来计算一下成本吧！简单一点，假定一共积累了 100 个单独的测试方法，每个方法需要 10 分钟，那么共需要 1000 分钟，即 1000/60＝16.7 个小时。也就是说，对于这段时间的开发，只需要多付出 16.7 个小时，就可以知道代码是符合需求的功能点的。

那么收益是多大呢？在这段时间中后，只需要 20 分钟就可以知道系统是不是存在错误，而其他人却可能需要几个小时，而且未必准确。

由此可知，用测试用例描述软件需求对于提高开发效率保证软件有极大的实践意义。

综上所述，测试驱动开发的核心是将测试作为软件设计的一部分，通过不断的迭代、反馈来保证快速响应需求，通过积累的测试用例作为软件功能点的注解。讲到这里，读者应该基本明白测试驱动开发的基本过程。但是，作为软件开发而言，过程可以规范开发步骤，技术则是支撑过程的重要工具。

4.6　保障测试代码的正确性

很多朋友有疑问，"测试代码的正确性如何保障？是写测试代码还是写测试文档？"这样是不是会陷入"鸡生蛋，蛋生鸡"的循环。其实是不会的。测试代码通常是非常简单的，围绕着某个情况的正确性判断的几个语句，如果太复杂，就应该继续分解。而传统的开发过程通常强调测试文档。但随着开发节奏的加快、用户需求的不断变化，维护高层(需求、概要设计)的测试文档可以，而维护更低层测试文档的成本的确太大了。而且可实时验证功能正确性的测试代码就是对代码最好的文档。

软件开发过程中，除了遵守上面提到的测试驱动开发的几个原则外，一个需要注意的问题就是，谨防过度设计。编写功能代码时应该关注于完成当前功能点，通过测试，使用最简单、直接的方式进行编码。过多地考虑后期的扩展、其他功能的添加，无疑增加了过多的复杂性，容易产生问题。应该等到要添加这些特性时再进行详细的测试驱动开发。到时候，有整套测试用例做基础，通过不断重构很容易添加相关特性。

本 章 小 结

本章介绍了测试驱动开发的基本概念、优势，重点阐述了测试驱动开发的原理，开发的过程与技术，简要叙述了测试的范围、粒度以及保障测试代码的正确性，通过案例描述了测试驱动开发带来的优势(减小耦合，完善整个框架，节省调试时间等)。并进一步讲述了以下内容。

(1) 测试驱动开发的基本概念、测试范围的探讨。

(2) 测试驱动开发的原则：测试隔离，测试单一，测试列表，测试驱动，先写断言，可测试性，及时重构，小步前进。

(3) 测试驱动开发的原理包括 X 测试模型、V 测试模型、W 测试模型、H 测试模型，4 个常见测试模型各自的特点和局限，以及相应的开发流程。

习题与思考

1．测试驱动开发的基本概念是什么？

2．测试驱动开发的原则包含哪几个方面？

3．测试驱动开发 4 个常见的测试模型分别是什么？

第 5 章

JUnit(Java 单元测试工具)

(1) 了解 Java 单元测试基本概念
(2) 掌握使用 JUnit 进行单元测试的方法
(3) 掌握自定义断言的使用

案例介绍

在很多情况下，用户可能需要对 Java 应用程序进行功能测试，或者验证程序是否满足业务逻辑。这些验证工作需要花费相当的劳动才能有效实现。实际上，为了提高程序质量，对于 Java 程序的测试已经有了相当成熟的解决方案，这就是大名鼎鼎的 JUnit。本章将通过一个请假模块的单元测试案例介绍 JUnit 的使用。案例运行效果如图 5.1 所示。

图 5.1 案例运行结果

知识结构

JUnit(Java 单元测试工具)知识结构如图 5.2 所示。

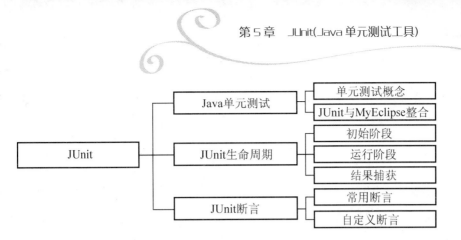

图 5.2 JUnit(Java 单元测试工具)知识结构

5.1 JUnit 与 Java 单元测试环境搭建

1. 什么是单元测试

单元测试是程序员编写的一小段代码,用于检验被测代码的一个很小的、很明确的功能是否正确。通常而言,一个单元测试用于判断某个特定条件(或者场景)下某个特定函数的行为。例如,把一个变量放入一个有序列表中,然后去确认该变量出现在列表的尾部;或者,从字符串中查找匹配某种模式的字符,然后确认该字符串确实包含这些字符。这些都是一个功能点的实现。

执行单元测试,为了证明某段代码的行为确实和开发者的期望一致。入单元测试的目的是为了保障软件质量。执行单元测试有两个目的。

(1) 代码的行为和期望一致吗?也许就需求而言,代码所做的是错误的事情,但是,代码所做的就是被期望的。

(2) 代码的行为一直和期望一致吗?许多程序员只编写一个测试。也就是让所有代码从头到尾跑一次,只测试代码的一条正确执行路径,只要这样走一遍下来没有问题,测试也就算是完成了。

但是,环境往往是异构的——程序会抛出异常而当机;硬盘会没有剩余空间存储文件;网络会中断;缓冲区会溢出;等等。所以,在测试某段代码的行为是否和期望一致时,就必须确认:在任何时间、任何情况下,这段代码是否都和期望一致;如在并发量很大、参数很可疑、硬盘没有剩余空间、网络掉线的时候。

试想,如果在编码完毕之后才开始进行测试,突然发现基本的底层代码不再可靠时,那么必需的改动就无法只局限在底层。虽然可以修正底层的问题,但是这些对底层代码的修改必然会影响到高层代码,于是高层代码也连带地需要修改;以此递推,就很可能会牵动到更高层的代码。于是,一个对底层代码的修正,可能会导致对几乎所有代码的一连串改动,从而使修改越来越多,也越来越复杂。于是,整个项目也将以失败告终。

单元测试就好比同学们平时的小测验一样，只有平时多做练习，期末考试的时候才会少花力气就能获得好成绩。这和勤做单元测试的道理是一样的。

2．JUnit

JUnit 是由 Erich Gamma 和 Kent Beck 编写的一个回归测试框架(Regression Testing Framework)。Junit 测试是程序员测试，即所谓的白盒测试，因为程序员知道被测试的软件如何完成功能和完成什么样的功能。

JUnit 是一个开放源代码的 Java 测试框架，用于编写和运行可重复的测试。包括以下特性。

(1) 用于测试期望结果的断言(Assertion)。

(2) 用共享共同测试数据的测试工具。

(3) 用于方便地组织和运行测试的测试套件。

(4) 图形和文本的测试运行器。

JUnit 是在 XP 编程和重构(Refactor)中被极力推荐使用的工具，因为在实现自动单元测试的情况下可以大大地提高开发的效率，但是实际上编写测试代码也需要耗费很多的时间和精力，那么使用 JUnit 好处到底在哪里呢？

在编写代码之前先写测试，就可以强制程序员在写代码之前好好地思考代码的功能和逻辑。由于编写测试和编写代码都是增量式的，写一点测一点，在编写以后的代码中如果发现问题可以较块地追踪到问题的原因，减小回归错误的纠错难度。

在使用 JUnit 的时候，程序结构是针对接口编程的。针对接口(方法)编写测试代码会减少以后的维护工作。除此以外，因为 JUnit 有断言功能，所以，只需要看它的执行结果是否正确就可以判断代码的行为与预期是否一致了，在一般情况下效率会大大提高。

3．JUnit 环境搭建

本小节将通过编写首个单元测试来正式进入 JUnit 的世界。一个单元测试是程序员编写的一段代码，用于执行另一段代码并确定那段代码的行为是否和程序员的期望一致。然而在实际开发中，应该怎么做呢？

例 5.1 JUnit 测试框架搭建

步骤一：打开 MyEclipse，如图 5.3 所示，并创建一个名为 JUnitTestOne 的 Java Project，如图 5.4 所示。

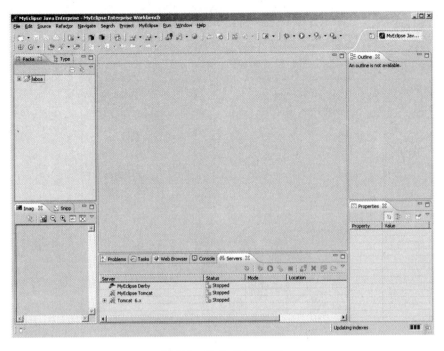

图 5.3　MyEclipse 界面

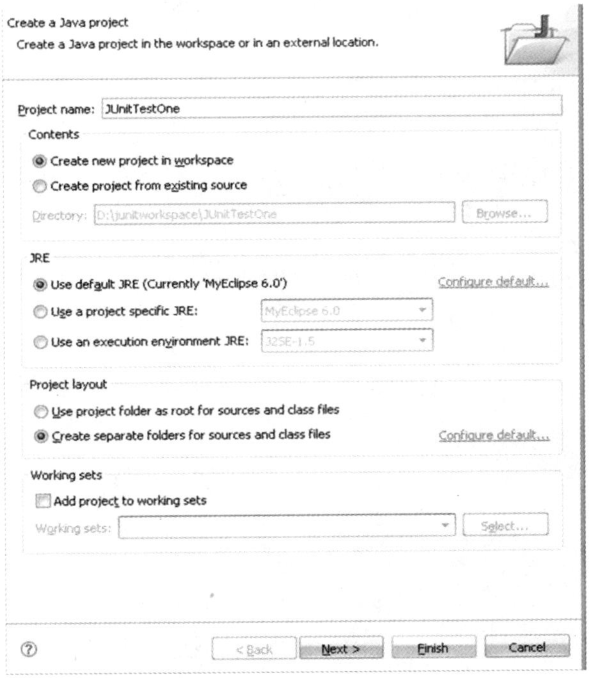

图 5.4　创建 Java Project

单击 Finish 按钮，完成项目创建。

步骤二：在 JUnitTestOne 中创建一个名为 ArrayLargest 的类，其所在包为 edu.njit.jt，如图 5.5 所示。

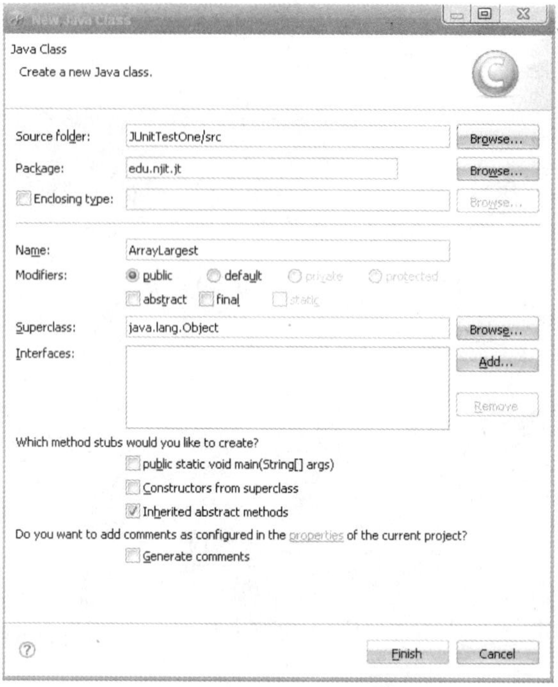

图 5.5 创建 ArrayLargest 类

在 ArrayLargest 类中建立方法 largest()，该方法中有一个包含 5 个元素的 int 类型数组，通过判断返回数组中最大的一个数组元素，代码如下。

```java
public static int largest(){
    // 创建数组 array 并赋初值
    int [] array = newint[5];
    array[0] = 27;
    array[1] = 66;
    array[2] = 15;
    array[3] = 8;
    array[4] = 59;
// 查找数组中值最大的元素
    int max = array[0];
    for(int i = 1;i<array.length;i++){
        if(array[i]>max){
            max = array[i];
        }
    }
    // 返回变量 max
    return max;
}
```

步骤三：在项目中创建一个名为 lib 的文件夹，用于存放 JUnit 的 Jar 包(这里使用的是最新版本的 junit-4.9b2.jar)，如图 5.6 所示。

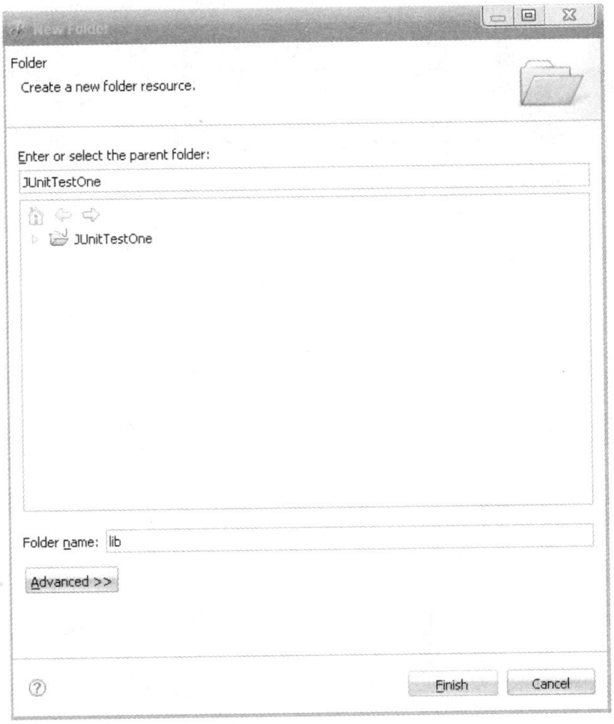

图 5.6　创建 lib 文件夹

将 JUnit 的 jar 包复制至 lib 目录，选中文件 junit-4.9b2.jar，复制后粘贴到 lib 目录即可，如图 5.7 所示。

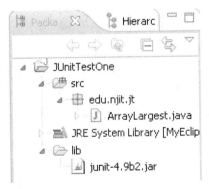

图 5.7　添加 junit-4.9b2.jar 到 lib 目录中

注意：此时，junit-4.9b2.jar 包虽然已经加入到项目中，但还不能被引用，因为该 jar 包并没有被加入到项目的 classpath 路径下。

步骤四：单击 JUnitTestOne 项目，在弹出的菜单中选择 Build Path→Configure Build Path 选项，弹出窗口 Properties for JUnitTestOne，如图 5.8 所示。

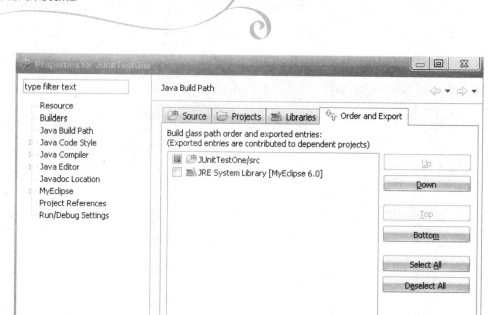

图 5.8　配置 JUnit 到项目的 classpath 中(一)

　　选择 Libraries 选项卡，单击 Add Jars 按钮，打开弹出窗口 Jar Selection，选择 JUnit TestOne→lib 选项，选中 junit-4.9b2.jar，如图 5.9 所示。

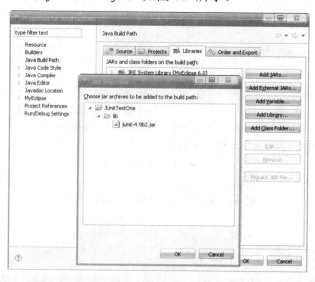

图 5.9　配置 JUnit 到项目的 classpath 中(二)

单击 OK 按钮后，junit-4.9b2.jar 被加入到项目的 classpath 中，此时单元测试框架已经准备完成。万事俱备只欠东风，在例 5.1 的基础上，进一步添加代码，让 JUnit 工作起来。

例 5.2　JUnit 测试

步骤一：右击项目，在弹出菜单中选择 New→Source Folder 选项，创建名为 test 的源文件夹，用于存放测试代码，如图 5.10 所示。

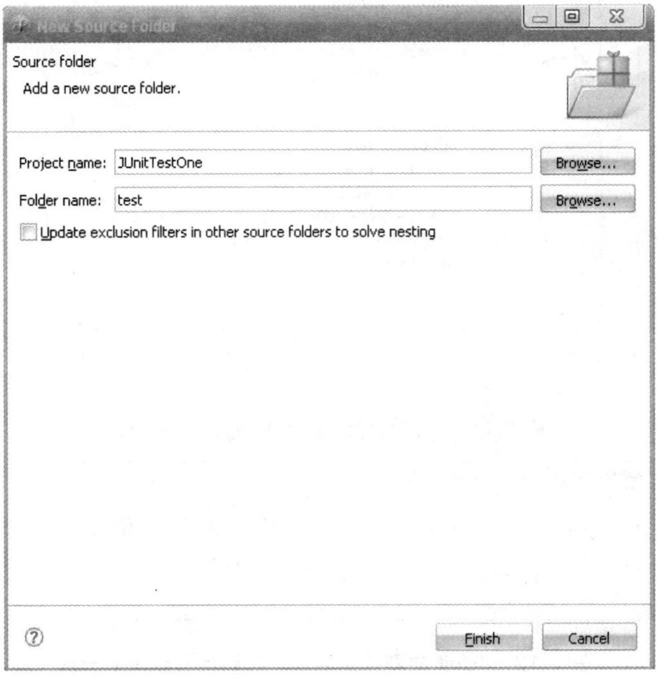

图 5.10　创建源文件夹 test

步骤二：在源文件夹 test 中创建单元测试类 ArrayLargestTest，并继承类 junit.framework. TestCase，如图 5.11 所示。

单击 Finish 按钮，完成测试类 ArrayLargestTest 的创建。

步骤三：在单元测试类 ArrayLargestTest 中编写测试方法 testLargest()，用于测试 ArrayLargest 类中的方法 largest()，具体代码如下。

```
public void testLargest(){
assertEquals(66, ArrayLargest.largest());
}
```

在 MyEclipse 左侧的 Package Explorer 窗口中展开 ArrayLargestTest，在 testLargest() 方法右击，选择 Run As→JUnit Test 选项，即可看到测试结果，进度条为绿色，测试通过，如图 5.12 所示。

图 5.11　创建单元测试类 ArrayLargestTest

图 5.12　JUnit 的测试结果——代码行为和预期一致

修改测试 ArrayLargest 类中的方法 largest()，将预期结果改为 59，具体代码如下。

```
public void testLargest(){
assertEquals(59, ArrayLargest.largest());}
```

再次右击 testLargest()方法，选择 Run As→1 JUnit Test 选项，即可看到新的测试结果，进度条为红色，测试未通过，如图 5.13 所示。

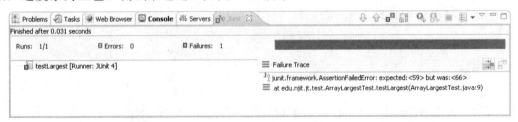

图 5.13　JUnit 的测试结果——代码行为和预期不一致

至此，就完成了第一个 JUnit 的测试程序。

5.2　JUnit 的执行流程

JUnit 的生命周期可以分为 3 个阶段：初始化阶段、运行阶段和结果捕获阶段。JUnit 的生命周期图如图 5.14 所示。

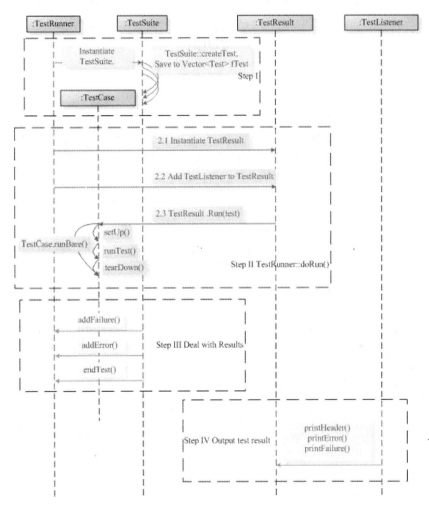

图 5.14　JUnit 的生命周期图

第 1 阶段　初始化阶段——创建 TestCase 和 TestSuite

初始化阶段要完成一些重要的初始化工作，它的入口是 junit.textui.TestRunner 的 main 方法。JUnit 利用反射技术通过判断方法名是否以字符串"test"开头，如果符合则自动将这个方法提取出来，作为测试方法。

至此，初始化流程就完成了。

第 2 阶段　运行阶段——运行所有的 TestXXX 测试方法

初始化完成后，JUnit 将运行所有已经提取出来的测试方法进行单元测试工作。在测试方法运行时，众多的 Assert 断言会根据测试的实际情况，抛出失败异常或者错误。

这些异常或错误往上逐层抛出，或者被某一层次处理，或者处理后再次抛出，依次递推，最终显示给用户。

第 3 阶段　　测试结果捕获阶段

JUnit 执行测试方法，并在测试结束后将失败和错误信息通知给所有的测试监听器 TestListener 接口。其中 addFailure、addError、endTest、startTest 是 TestListener 接口的四大方法，分别向用户报告测试信息。

5.3　JUnit 断言

1. 常用的 JUnit 断言

JUnit3.8 提供了一些辅助方法，用于帮助开发人员确定某个被测试的方法是否正常工作。通常，把这些辅助方法统称为断言(Assert)。它可以确定：某条件是否为真，两个数据是否相等，两个数据是否不等以及其他的一些情况。下面将逐个介绍 JUnit 提供的断言方法。

1) assertEquals

方法签名：assertEquals([String message], excepted, actual)。

说明：这是使用得最多的断言形式。该断言有 3 个形式参数，expected 是期望值(通常都是硬编码的)，actual 是被测试代码实际产生的值，message 是一个可选的消息，如果提供的话，将会在发生错误的时候报告这个消息。当然，也可以不使用 message 这个参数，而只提供 excepted 和 actual 这两个值。

任何对象都可以拿来做相等性测试，例如，可以使用 assertEquals 来比较两个字符串的内容是否相等，两个布尔类型的值是否相等或者两个 int 类型的整数是否相等。

注意：计算机并不能精确地表示所有的浮点数，通常都会有一些偏差。因此，如果想用断言来比较浮点数(在 Java 中，浮点数有两类：float 类型和 double 类型)，则需要指定一个额外的误差参数。它表明需要多接近才能认为两数"相等"。通常的商业程序，精确到小数点后 4 位或者 5 位就足够了。assertEquals 提供了另外一个重载的方法，来指定待比较的小数位数。

具体的方法签名为 assertEquals([String message], excepted, actual,tolerance)。

举个例子，具体代码如下。

```
public void testAssertEquals(){
    assertEquals(3.332,10.0/3,0.01);
}
```

assertEquals 方法的第一个参数为 3.332，第二个参数为 3.333，…，由于第三个参数 0.01 的存在，所以，该断言将会检查实际的计算结果是否等于 3.33，即精确到小数点后两位，测试结果通过。

2) assertNull 和 assertNotNull

方法签名：assertNull([string message], java.lang.Object object)；

assertNotNull([string message], java.lang.Object object)。

说明：assertNull 用于验证给定的对象是否为 null，assertNotNull 用于验证给定的对象是否不为 null，message 参数可选，在测试失败时输入。

举个例子，具体代码如下。

```
private String str;
public void testAssertNull(){
    assertNull(str);
}
```

String 类型的成员变量 str，默认初始化为 null，使用断言 assertNull 测试通过。值得注意的是，String 类型中空字符串""和 Null 的区别，具体代码如下。

```
private String str = "";
public void testAssertNull(){
assertNull(str);
}
```

测试未通过，结果如图 5.15 所示。

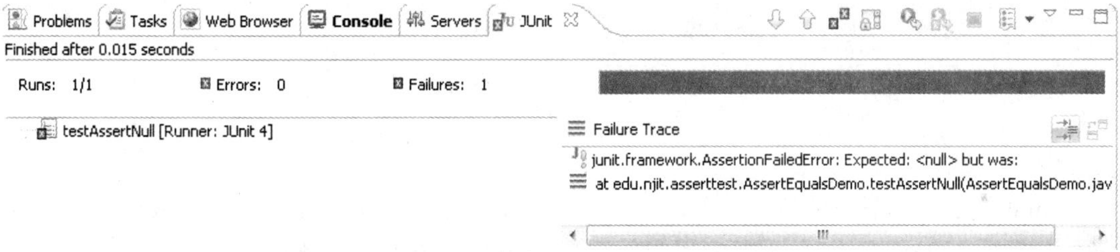

图 5.15　testAssertNull 的测试结果

assertNotNull 的用法和 assertNull 类型的区别仅仅在于，assertNotNull 测试的是给定对象不为空。

3) assertSame 和 assertNotSame

方法签名：assertSame([String message], expected, actual)；

assertNotSame([String message], expected, actual)。

assertSame 验证参数 expected 和参数 actual 所引用的是否为同一个对象，如果不是，则测试失败，message 参数是可选的。assertNotSame 验证参数 expected 和参数 actual 所引用的是否为不同的对象，如果相同，则测试失败，message 参数是可选的。

举个例子，具体代码如下。

```
public class Employee {
// 员工工号
```

```
        private String empNum;
        // 员工姓名
        private String empName;
        // 员工所在部门
        private String department;
        public String getEmpNum() {
            returnempNum;
        }
        Public void setEmpNum(String empNum) {
            this.empNum = empNum;
        }
        public String getEmpName() {
            returnempName;
        }
        public void setEmpName(String empName) {
            this.empName = empName;
        }

        public String getDepartment() {
            returndepartment;
        }
        public void setDepartment(String department) {
            this.department = department;
        }
    }
}
```

　　Employee 是一个员工类，包含员工工号、员工姓名和员工所在部门 3 个成员变量，每个成员变量都定义了相应的 get 和 set 方法，用于为对应的成员变量取值和赋值。代码如下。

```
public void testAssertSame(){
    // 创建对象 emp1
    Employee emp1 = new Employee();
    // 为对象 emp1 的 3 个成员变量赋值
    emp1.setEmpNum("95001");
    emp1.setEmpName("Jimy");
    emp1.setDepartment("Technological Research");
    // emp2 和 emp1 指向同一个 Employee 对象
    Employee emp2 = emp1;

    assertSame(emp1,emp2);
}
```

　　在测试方法 testAssertSame 中，定义了 Employee 类型的引用变量 emp1 和 emp2，两者指向同一个 Employee 对象，即 emp1 和 emp2 相同。运行测试方法 testAssertSame，测试通过。下面的情况值得注意。

```
public void testAssertSam2(){
    // 创建对象emp1
    Employee emp1 = new Employee();
    // 为对象emp1的三个成员变量赋值
    emp1.setEmpNum("95001");
    emp1.setEmpName("Jimy");
    emp1.setDepartment("Technological Research");
    // 创建对象emp2
    Employee emp2 = new Employee();
    // 为对象emp2的三个成员变量赋值// 员工工号
    private String empNum;
    // 员工姓名
    private String empName;
    // 员工所在部门
    private String department;
    public String getEmpNum() {
        returnempNum;
    }
    public void setEmpNum(String empNum) {
        this.empNum = empNum;
    }
    public String getEmpName() {
        returnempName;
    }
    public void setEmpName(String empName) {
        this.empName = empName;
    }
    public String getDepartment() {
        returndepartment;
    }
    public void setDepartment(String department) {
        this.department = department;
    }
}
    emp2.setEmpNum("95001");
    emp2.setEmpName("Jimy");
    emp2.setDepartment("Technological Research");

    assertSame(emp1,emp2);
}
```

在测试方法 testAssertSame2 中，创建了两个对象 emp1 和 emp2，给 emp1 和 emp2 的成员变量赋相同值，即 emp1 和 emp2 的表现形式相同，但此时 emp1 和 emp2 并不是同一个对象，运行该测试方法，测试未通过，结果如图 5.16 所示。

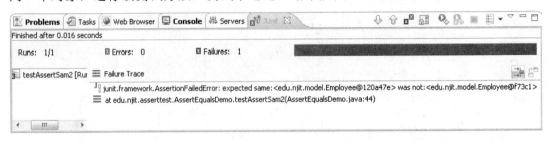

图 5.16 testAssertSame2 的测试结果

4) assertTrue

方法签名：assertTrue([String message]，boolean condition)。

该断言验证给定的二元条件是否为真，如果为假的话，则测试失败。message 参数是可选的。

举个例子，代码如下。

```java
// 用户登录, userName 为用户名, password 为登录密码
public boolean login(String userName,String password){
    if(userName.equals("Jimy") &&password.equals("junit")){
        return true;
    }else{
        return false;
    }
}
```

如果传给方法 login 的用户名和密码分别为"Jimy"和"junit"，则登录成功，返回值为 true，反之，则返回值为 false。

测试代码如下。

```java
public void testAssertTrue(){
    String userName = "Jimy";
    String password = "junit";
assertTrue(login(userName,password));
}
```

如代码所示，将局部变量 userName 和 password 分别赋值为"Jimy"和"junit"，则测试通过，赋其他值，则测试失败。

5) fail

方法签名：fail([String message])。

该断言将会使测试立即失败，其中的 message 参数可选。fail 断言通常被用于标记某个不应该被到达的分支(例如，在一个预期发生的异常之后)。

测试代码如下。

```
public void testFail(){
    fail("test fail");
}
```

测试未通过，抛出如下提示信息"test fail"，即 fail 的 message 参数，结果如图 5.17 所示。

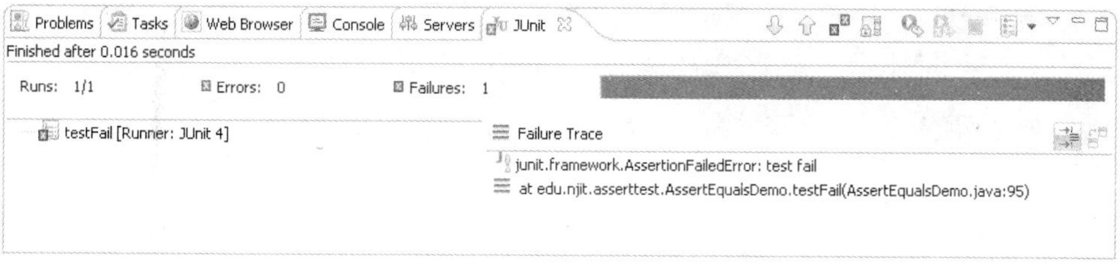

图 5.17　testFail 的测试结果

2. 断言的使用技巧

通常情况下，一个测试方法会包含多个断言，因为需要验证该方法的多个方面以及内在的多种联系。当一个断言失败的时候，该测试方法将会被中止，从而导致该方法中剩余的断言无法执行。此时只能是在继续测试之前先修复这个失败的测试。依次类推，不断地修复一个又一个的测试。

应当期望所有的测试在任何时候都能够通过。在实践中，这意味着当引入一个 Bug 时，只有一到两个测试会失败。在这种情况下，把问题分离出来将会相当容易。

当有测试失败时，无论如何都不能给原有代码再添加新的特性。此时应该尽快地修复这个错误，直到让所有的测试都能顺利通过。

为了遵行上面原则，需要一种能够运行所有测试，或者一组测试的辅助方法。

例 5.3　JUnit 第一个简易例子

定义类 CalculatorTest 作为测试类，从 junit.framework.TestCase 继承一个子类，并用该子类进行测试。

测试类中 override 的两个方法，如图 5.18 所示。

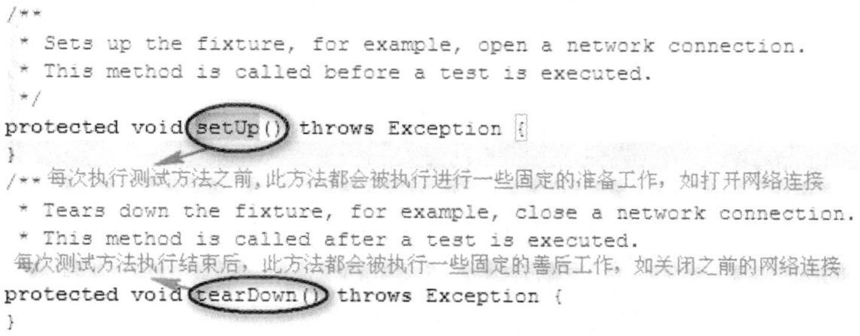

图 5.18　测试类中 override 的两个方法

代码设计如下。

```java
//①继承 TestCase 类
public class CalculatorTest extends TestCase
{
    private Calculator cal; @Override
    public void setUp() throws Exception
    {
        System.out.println("执行 setup");
        cal = new Calculator();
    }
    @Override
    public void tearDown() throws Exception
    {
        System.out.println("执行 tearDown ");
    }
    //②测试方法必须以 test 开头
    public void testAdd()
    {
        int result = cal.add(1, 2);
        Assert.assertEquals(3, result);
    }
    public void testAdd2()
    {
        int result = cal.add(1, 3);
        Assert.assertEquals(4, result);
    }
    //③将 testcase 加入 testsuite
    public static Test suite(){
        return new TestSuite(CalculatorTest.class);
    }
    //④使用 TestRunner 运行测试套件
    public static void main(String[] args)
    {
    //junit 提供了 swing,awt,text 三种测试运行器
        junit.awtui.TestRunner.run(CalculatorTest.class);
    }
}
```

Run as Java Application，显示结果如图 5.19 所示。

图 5.19 的结果说明,每执行一个测试方法之前和之后都会分别执行 setUp 和 tearDown
方法。

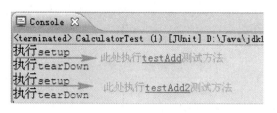

图 5.19　运行结果图

例 5.4　请假模块测试——JUnit 自定义断言

案例分析：一般情况下，JUnit 提供的标准断言已经能够满足绝大部分测试的需要了。但是，在某些特殊情况下，如要处理自定义的特殊数据类型，或者是多个测试都能共享的一系列操作，那么自定义断言就能带来很大的方便，起到意想不到的作用。

自定义断言的具体做法如下，从 junit.framework.TestCase 继承一个子类，并用该子类要进行测试。

功能设计：假定，定义类 Vacation 表示请假，该类包含 4 个成员，其中，reason 表示请假原因，days 表示请假天数，supervisorPass 表示主管批准，managerPass 表示经理批准，每个成员变量都有对应的 get 和 set 方法用于取值和赋值。先设定请假业务逻辑：请假 3 天或以下，主管批准即可，请假 3 天以上，需要主管和经理共同批准。

代码设计：具体代码如下。

```java
package edu.njit.model;
/*
 * 请假 3 天或以下，主管批准即可，请假 3 天以上，需要主管和经理共同批准
 */
public class Vacation {
    // 请假原因
    private String reason;
    // 请假天数
    private int days;
    // 主管批准
    private boolean supervisorPass;
    // 经理批准
    private boolean managerPass;

    public String getReason() {
        returnreason;
    }
    public void setReason(String reason) {
        this.reason = reason;
    }
    public int getDays() {
```

```
            returndays;
        }
        public void setDays(int days) {
            this.days = days;
        }
public boolean isSupervisorPass() {
            returnsupervisorPass;
        }
        public void setSupervisorPass(booleansupervisorPass) {
            this.supervisorPass = supervisorPass;
    }

        public boolean isManagerPass() {
            returnmanagerPass;
        }
        public void setManagerPass(booleanmanagerPass) {
            this.managerPass = managerPass;
        }
    }
```

自定义断言 assertVacation 包含在测试类 ProjectTest 中，具体代码如下。

```
package edu.njit.jt.test;
import junit.framework.TestCase;
import edu.njit.model.Vacation;
public class ProjectTest extends TestCase {
 public void assertVacation(String message,Vacation vacation){
        if(vacation.getDays()<=3){
            // 请假小于等于 3 天,验证主管是否批准
            assertTrue(message, vacation.isSupervisorPass());
        }elseif(vacation.getDays()>3){
            // 请假大于 3 天,验证主管和经理是否都批准
assertTrue(message,
vacation.isSupervisorPass()&&vacation.isManagerPass());
        }
    }
    }
```

注意：在自定义断言 assertVacation 中，如果成员变量 Vacation 的 days 值小于等于 3,则调用断言 assertTrue 验证成员变量 supervisorPass 是否为 true,如果成员变量 vacation 的 days 值大于 3,则调用断言 assertTrue 验证成员变量 supervisorPass 和 managerPass 的与值是否为 true，即验证 supervisorPass 和 managerPass 的值是否都为 true。

接着，编写测试类测试 Vacation 对象，具体代码如下。

```
    package edu.njit.jt.test;
    import edu.njit.model.Vacation;
    public class TestVacation extends ProjectTest {


        public void testAssertVocation (){
            // 创建 Vacation 对象,生病请假 5 天,主管已批准,经理未批准
Vacation vacation = new Vacation();
            vacation.setReason("fall ill");
            vacation.setDays(5);
            vacation.setSupervisorPass(true);
            vacation.setManagerPass(false);
// 验证请假是否通过
            assertVacation("NotPass",vacation);
        }
    }
```

在测试类 TestVacation 上右击,选择 Run As→JUnit Test 选项,测试未通过,抛出提示信息 "Not Pass",运行结果如图 5.20 所示。

图 5.20　TestVacation 的测试结果(请假 5 天)

修改 Vacation 对象,将其请假天数设为 2 天,具体代码如下。

```
package edu.njit.jt.test;

import edu.njit.model.Vacation;
public class TestVacation extends ProjectTest {

    public void testAssertVocation(){
        // 创建 Vacation 对象,生病请假 2 天,主管已批准,经理未批准
        Vacation vacation = new Vacation();
        vacation.setReason("fall ill");
        vacation.setDays(2);
        vacation.setSupervisorPass(true);
        vacation.setManagerPass(false);
// 验证请假是否通过
```

```
        assertVacation("NotPass",vacation);
    }
                                                          }
```

在测试类 TestVacation 上右击，选择 Run As→JUnit Test 选项，测试通过，运行结果如图 5.21 所示。

图 5.21   TestVacation 的测试结果(请假 2 天)

5.4   JUnit 4.x

JUnit 4.x 利用了 Java 5 的特性(annotation)的优势，使得测试比起 3.x 版本更加方便简单，JUnit 4.x 不是旧版本的简单升级，而是一个全新的框架，整个框架的包结构已经彻底改变，但 4.x 版本仍然能够很好地兼容旧版本的测试套件。

在上面的环境下，JUnit-4.xjar 加入工程的 classpath 中，至此，在工程中将可以使用 JUnit 编写测试代码了。

5.4.1   JUnit-4.x 与 JUnit-3.x 版本的异同

有关于类的导入以及相应方法的区别，如图 5.22 所示。

JUnit3.x	JUnit4.x
必须引入类 *junit.framework.TestCase*	必须引入 org.junit.Test；org.junit.Assert.* （static import）
必须继承类 **TestCase**	不需要
测试方法必须以 **test** 开头	不需要，但是必须加上@test 注解
通过 **assertXXXX()**方法来判断结果	

图 5.22   类与方法使用区别

常用注解(体验 annotation 的简单便捷)如下。

(1) @Before：初始化方法，在任何一个测试执行之前必须执行的代码；跟 3.X 中的 setUp()方法具有相同功能。格式：JUnit 4.x 对应的格式为@Before public void method()，Junit 3.x 对应的格式如下。

```
public void setUp() throws            @Before
Exception                             public void setUp() throws
{                                     Exception {
cal = new Calculator();              cal = new Calculator();
}                                     }
```

覆盖父类 TestCase 的 setUp()方法，使用@Before 注解，方法名称随意。

(2) @After：释放资源，在任何测试执行之后需要进行的收尾工作。跟 3.x 中的 tearDown()方法具有相同功能。格式为@Afterpublic void method()。

(3) @Test：测试方法，表明这是一个测试方法。在 Junit 中将会自动被执行。对于方法的声明也有如下要求：名字可以随便取，没有任何限制，但是返回值必须为 void，而且不能有任何参数。如果违反这些规定，会在运行时抛出一个异常。该 annotation 可以测试期望异常和超时时间，如@Test(timeout＝100)，给测试函数设定一个执行时间，超过了这个时间(100 毫秒)，它们就会被系统强行终止，并且系统还会汇报该函数结束的原因是因为超时，这样就可以发现这些 Bug 了。同时还可以测试期望的异常，例如：@Test(expected＝IllegalArgumentException.class)。

(4) @Ignore：忽略的测试方法，标注的含义就是"某些方法尚未完成，暂不参与此次测试"；这样的话测试结果就会提示有几个测试被忽略，而不是失败。一旦完成了相应函数，只需要把@Ignore 标注删去，就可以进行正常的测试。

(5) @BeforeClass：针对所有测试，在所有测试方法执行前执行一次，且必须为 public static void；此 annotataion 为 4.x 的新增功能。格式为@BeforeClass public void method()，如图 5.23 所示。

```
@BeforeClass
public static void setUpBeforeClass() throws Exception {
    System.out.println("@BeforeClass is called!");
}
```

图 5.23　@BeforeClass

(6) @AfterClass：针对所有测试，在所有测试方法执行结束后执行一次，且必须为 public static void；此 annotataion 为 4.x 的新增功能。格式为@AfterClasspublic void method()，如图 5.24 所示。

```
@AfterClass
public static void tearDownAfterClass() throws Exception {
    System.out.println("@AfterClass is called!");
}
```

图 5.24　@AfterClass

所以 Junit 4 的单元测试用例执行顺序为：@BeforeClass -> @Before -> @Test ->

@After -> @AfterClass。

每一个测试方法的调用顺序为: @Before -> @Test -> @After。

5.4.2　第一个 JUnit4 例子

首先新建一个项目 JUnit_Test, 编写一个 Calculator 类(由于前面已有详细的步骤, 这里不再详细阐述), 这是一个能够简单实现加、减、乘、除、平方、开方的计算器类, 然后对这些功能进行单元测试。这个类并不是很完美, 保留了一些 Bug 用于演示, 这些 Bug 在注释中都有说明。需要注意的是 JUnit-4.xjar 加入工程的 classpath 中, 该类代码如下。

```java
package andycpp;

public class Calculator ...{
    private static int result; // 静态变量,用于存储运行结果
  public void add(int n) ...{
        result = result + n;
    }
    public void substract(int n) ...{
        result = result - 1;  //Bug:正确的应该是 result =result-n
    }
    public void multiply(int n) ...{
    }        // 此方法尚未写好
    public void divide(int n) ...{
        result = result / n;
    }
    public void square(int n) ...{
        result = n * n;
    }
    public void squareRoot(int n) ...{
        for (; ;) ;                //Bug:死循环
    }
    public void clear() ...{     // 将结果清零
        result = 0;
    }
    public int getResult() ...{
        return result;
    }
}
```

测试的 Calculator 的类 CalculatorTest , 代码如下。

```java
package andycpp;
```

```java
import static org.junit.Assert.*;
import org.junit.Before;
import org.junit.Ignore;
import org.junit.Test;
public class CalculatorTest ...{

    private static Calculator calculator = new Calculator();

    @Before
    public void setUp() throws Exception ...{
        calculator.clear();
    }

    @Test
    public void testAdd() ...{
        calculator.add(2);
        calculator.add(3);
        assertEquals(5, calculator.getResult());
    }

    @Test
    public void testSubstract() ...{
        calculator.add(10);
        calculator.substract(2);
        assertEquals(8, calculator.getResult());
    }

    @Ignore("Multiply() Not yet implemented")
    @Test
    public void testMultiply() ...{
    }

    @Test
    public void testDivide() ...{
        calculator.add(8);
        calculator.divide(2);
        assertEquals(4, calculator.getResult());
    }
}
```

运行结果如图 5.25 所示。

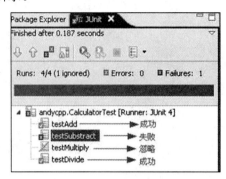

图 5.25　JUnit4 测试结果

5.4.3　JUnit4.x 新特性例子

1.　@Test 测试异常和超时

1）测试异常

通过对@Test 传入 expected 参数值，即可测试异常。传入异常类后，测试类如果没有抛出异常或者抛出一个不同的异常，测试方法就将失败。如图 5.26 所示。

---
expected

public abstract java.lang.Class<? extends java.lang.Throwable> **expected**

　　Optionally specify expected, a Throwable, to cause a test method to succeed iff an exception of the specified class is thrown by the method.

Default:
　　　　org.junit.Test.None.class

图 5.26　测试异常

Java 中的异常处理也是一个重点，因此需要经常编写一些需要抛出异常的函数。那么，如果一个函数应该抛出异常,但是它没抛出,这算不算 Bug 呢？这当然是 Bug，JUnit 也考虑到了这一点，来帮助用户找到这种 Bug。例如，计算器类有除法功能，如果除数是 0，那么必然要抛出"除 0 异常"。因此，有必要对这些进行测试。在 5.4.2 节 Junit4.x 的例子中，添加代码如下。

```
@Test(expected = ArithmeticException.class)
public void divideByZero() ...{
    calculator.divide(0);
}
```

需要使用@Test 标注的 expected 属性，将要检验的异常传递给它，这样 JUnit 框架就能自动检测是否抛出了指定异常。

运行结果如图 5.27 所示。

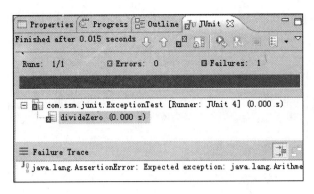

图 5.27　检查出没有抛出异常

2) 测试超时

通过对@Test 传入 timeout 参数值即可进行超时测试，如果测试运行时间超过指定的毫秒数，则测试失败，如图 5.28 所示。

---

timeout

`public abstract long timeout`

Optionally specify `timeout` in milliseconds to cause a test method to fail if it takes longer than that number of milliseconds.

Default:
　　0L

图 5.28　超时测试

在 5.4.2 节 JUnit 4.x 的例子中，求平方根的函数有 Bug，是个死循环。

```
public void squareRoot(int n) ...{

    for (; ;) ;                    //Bug:死循环

}
```

某些逻辑很复杂，循环嵌套比较深的程序，很有可能出现死循环，因此一定要采取一些预防措施。限时测试是一个很好的解决方案。给测试函数设定一个执行时间，超过了这个时间，它们就会被系统强行终止，并且系统还会汇报该函数结束的原因是超时，以此发现这些 Bug。要实现这一功能，只需要给@Test 标注加一个参数即可，代码如下。

```
@Test(timeout = 1000)
public void squareRoot() ...{
        calculator.squareRoot(4);
        assertEquals(2, calculator.getResult());
}
```

timeout 参数表明了要设定的时间，单位为毫秒，因此 1000 就代表 1 秒。
运行后结果如图 5.29 所示。

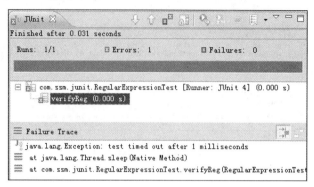

图 5.29   测试超时异常

2. 参数化测试

有些函数的参数可能有许多特殊值，或者说参数分为很多个区域，例如，一个对考试分数进行评价的函数，返回值分别为"优秀、良好、一般、及格、不及格"，因此编写测试的时候，至少要写 5 个测试，把这 5 中情况都包含了，这确实是一件很麻烦的事情。还使用先前的例子，测试一下"计算一个数的平方"这个函数，暂且分三类：正数、0、负数。测试代码如下。

```
import org.junit.AfterClass;
import org.junit.Before;
import org.junit.BeforeClass;
import org.junit.Test;
import static org.junit.Assert.*;

public class AdvancedTest ...{
private static Calculator calculator = new Calculator();
    @Before
    public void clearCalculator() ...{
        calculator.clear();
    }


    @Test
    public void square1() ...{
            calculator.square(2);
            assertEquals(4, calculator.getResult());
    }

    @Test
```

```
    public void square2() ...{
            calculator.square(0);
            assertEquals(0, calculator.getResult());
    }


    @Test
    public void square3() ...{
            calculator.square(-3);
            assertEquals(9, calculator.getResult());
    }
}
```

为了简化类似的测试，JUnit4 提出了"参数化测试"的概念，只写一个测试函数，把这若干种情况作为参数传递进去，一次性完成测试，代码如下。

```
import static org.junit.Assert.assertEquals;
import org.junit.Test;
import org.junit.runner.RunWith;
import org.junit.runners.Parameterized;
import org.junit.runners.Parameterized.Parameters;
import java.util.Arrays;
import java.util.Collection;


@RunWith(Parameterized.class)
public class SquareTest ...{
    private static Calculator calculator = new Calculator();
    private int param;
    private int result;


    @Parameters
    public static Collection data() ...{
            return Arrays.asList(new Object[][]...{
                    ...{2, 4},
                    ...{0, 0},
                    ...{-3, 9},
            });
    }


    //构造函数，对变量进行初始化
    public SquareTest(int param, int result) ...{
            this.param
```

```
            this.result = result;
    }

    @Test
    public void square() ...{
            calculator.square(param);
            assertEquals(result, calculator.getResult());
        }
}
```

下面对上述代码进行分析。首先，要为这种测试专门生成一个新的类，而不能与其他测试共用同一个类，此例中定义了一个 SquareTest 类；然后，要为这个类指定一个 Runner，而不能使用默认的 Runner，因为特殊的功能要用特殊的 Runner。@RunWith(Parameterized.class)为这个类指定了一个 Parameterized Runner。接着定义一个待测试的类，并且定义两个变量，一个用于存放参数，一个用于存放期待的结果。接下来，定义测试数据的集合，也就是上述的 data()方法，该方法可以任意命名，但是必须使用@Parameters 标注进行修饰。这个方法的框架就不予解释了，大家只需要注意其中的数据，是一个二维数组，数据两两一组，每组中的两个数据，一个是参数，一个是预期的结果。如{2,4}，2 是参数，4 是预期的结果。这两个数据的顺序无所谓。之后是构造函数，其功能是对先前定义的两个参数进行初始化。注意参数的顺序要和上面的数据集合的顺序保持一致。如果前面的顺序是{参数，期待的结果}，那么构造函数的顺序也要是"构造函数(参数，期待的结果)"，反之亦然。

本 章 小 结

本章介绍了 Java 单元测试的入门知识，通过案例描述了如何使用 JUnit 进行 Java 单元测试工作。并进一步讲述了以下内容。

(1) Java 单元测试的基本概念，Test Case、Test Suite 是 Java 单元测试的基本组织形式。

(2) JUnit 单元测试遵循面向对象程序设计方法，可以使用对象组合进行多功能测试。

(3) JUnit 支持自定义断言，可以便捷地根据业务需求完成业务逻辑测试。

(4) JUnit4 新的特性带来的编程效率与便利。

习题与思考

1. 什么是单元测试？

2. 搭建 JUnit 测试环境时，需要在 classpath 下加入哪些 jar 文件？

3. JUnit 有哪些常用断言？fail 是 JUnit 的断言吗？如何使用？

4. JUnit3.x 与 JUnit4.x 特性差异有哪些？

CppUnit(C++单元测试工具)

(1) 了解 C++单元测试基本概念;
(2) 掌握使用 CppUnit 进行单元测试的方法;
(3) 掌握使用 CppUnit 进行 C++测试报告的输出方式。

本章将在第 5 章的基础上介绍另一个著名的单元测试工具 CppUnit。众所周知,Java 生成的程序需要依托虚拟机环境才能运行。与 Java 语言不同,另一类程序语言可直接生成可执行文件。C++就是第二类语言的一个典型代表。因此,对 C++程序的单元测试方法与 Java 单元测试有明显的不同。本章将通过 VC6.0 的单元测试案例介绍 CppUnit 的使用。案例运行效果如图 6.1 所示。

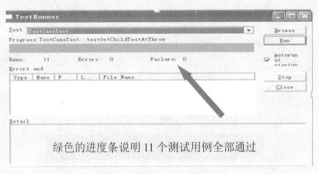

图 6.1　案例运行结果

CppUnit(C++单元测试工具)结构图如图 6.2 所示。

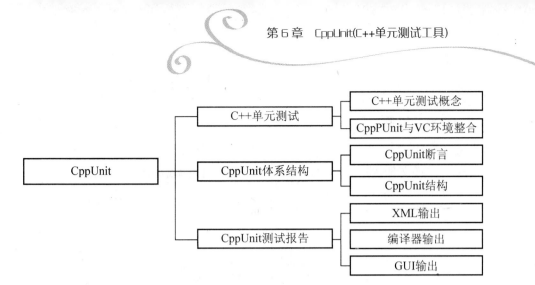

图 6.2　CppUnit(C++单元测试工具)结构图

6.1　CppUnit 与 C++单元测试环境搭建

6.1.1　CppUnit 简介

本章介绍 C++的开源单元测试工具 CppUnit，CppUnit 是基于 LGPL 的开源项目，最初版本移植自 JUnit，是一个优秀的开源测试框架，并且提供不同的输出方式来输出测试结果。CppUnit 的主要功能是对单元测试进行管理，并可进行自动化测试。

在众多 C++的单元测试工具中，CppUnit 是目前使用较为广泛的一个，其官方下载网址为 http://sourceforge.net/projects/cppunit，可以下载相应的版本文件，将下载到的 cppunit- 1.12.1.tar.gz 解压到本地目录。其中 src 子目录是源代码文件，include 子目录是头文件，examples 子目录是 CppUnit 自带的例子，doc 子目录是一些官方文档，config 子目录包含了一些配置相关的文件，在 Windows 平台下意义不大，contrib 子目录下包含 3 个子目录 bc5、msvc、xml-xsl，就是一些分发后或许有用的小工具，lib 子目录只有一个文件，库文件需要用户自己编译源代码后生成。在解压后的根目录中有 INSTALL-WIN32.txt、INSTALL-unix 两个文件，分别简要说明如何在 Windows 和 Unix 平台下使用 CppUnit。

本书采用的 CppUnit 版本为 1.12.1，使用环境为 VC6，在 VC8 中使用 CppUnit 与 VC6 类似，仅有很小的差别。

6.1.2　初识 CppUnit

在开始 CppUnit 的讲解之前，不妨先见识一下 CppUnit 的庐山真面目，先运行一下 examples 子目录下的例子，对 CppUnit 有一个感性认识。

例 6.1 CppUnit 演示程序

步骤一：打开示例项目

将下载后的压缩包解压后，在 examples 子目录下有一个 examples.dsw 文件，此文件为 VC 的工作区文件，用 VC6 打开。打开后的项目列表如图 6.3 所示。

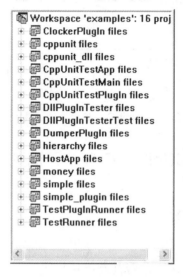

图 6.3　CPPUnit 例子项目列表

步骤二：执行 simple 项目

将 simple 设定为活动项目，编译运行，该项目是一个 Win32 Console Application 类型的项目，将测试结果输出到屏幕，将测试的详细结果以及小结打印出来，运行结果如图 6.4 所示。

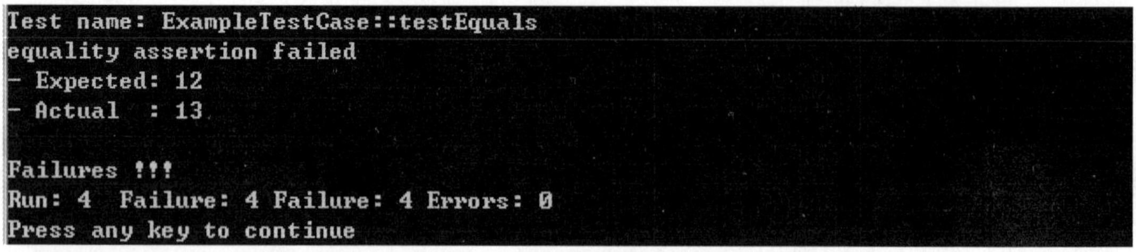

```
Test name: ExampleTestCase::testEquals
equality assertion failed
- Expected: 12
- Actual  : 13

Failures !!!
Run: 4  Failure: 4 Failure: 4 Errors: 0
Press any key to continue
```

图 6.4　simple 项目运行结果

步骤三：执行 CppUnitTestApp 项目

将 CppUnitTestApp 设为活动项目，该项目基于 GUI 方式进行单元测试。然后编译运行，运行界面如图 6.5 所示。

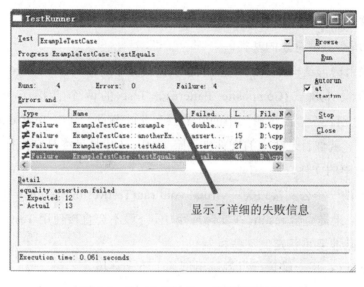

图 6.5　CppUnitTestApp 项目运行结果

图 6.5 中 Progress 下面的绿条表示测试通过，绿条下面显示了测试的详细信息。单击 Browse 按钮，选择要进行的测试用例，如图 6.6 所示。

图 6.6　选择要执行的测试用例

在使用之前，有必要认识一下 CppUnit 中的主要类，当然也可以先看后面的例子，遇到问题再回过头来看这一节。

CppUnit 核心内容主要包括如下关键类。

(1) Test：所有测试对象的基类。

CppUnit 采用树形结构来组织管理测试对象(类似于目录树，如图 6.6 所示)，因此这里采用了组合设计模式(Composite Pattern)，Test 的两个直接子类 TestLeaf 和 TestComposite 分别表示"测试树"中的叶节点和非叶节点，其中 TestComposite 主要起组织管理的作用，就像目录树中的文件夹，而 TestLeaf 才是最终具有执行能力的测试对象，就像目录树中的文件。

Test 最重要的一个公共接口为：virtual void run(TestResult *result)＝0。其作用为执行测试对象，将结果提交给 result。在实际应用中，一般不会直接使用 Test、TestComposite 以及 TestLeaf，除非要重新定制某些机制。

(2) TestFixture：用于维护一组测试用例的上下文环境。

在实际应用中，经常会开发一组测试用例来对某个类的接口加以测试，而这些测试用例很可能具有相同的初始化和清理代码。为此，CppUnit 引入 TestFixture 来实现这一机制。

TestFixture 具有 virtual void setUp()和 virtual void tearDown()两个接口，分别用于处理测试环境的初始化与清理工作：

(3) TestCase：测试用例，从名字上就可以看出来，它是单元测试的执行对象。

TestCase 从 Test 和 TestFixture 多继承而来，通过把 Test::run 制定成模板函数(Template Method)而将两个父类的操作融合在一起，run 函数的伪定义如下。

```
// 伪代码
void TestCase::run(TestResult* result)
{
    result->startTest(this);                     // 通知 result 测试开始
    if( result->protect(this, &TestCase::setUp) ) // 调用 setUp,初始化环境
    result->protect(this, &TestCase::runTest);   // 执行 runTest,即真正的
                                                 // 测试代码
    result->protect(this, &TestCase::tearDown);  // 调用 tearDown,清理环境
    result->endTest(this);                       // 通知 result 测试结束
}
```

这里要提到的是函数 runTest，它是 TestCase 定义的一个接口，原型为 virtual void runTest()。

用户需从 TestCase 派生出子类并实现 runTest 以开发自己所需的测试用例。另外还要提到的就是 TestResult 的 protect 方法，其作用是对执行函数(实际上是函数对象)的错误信息(包括断言和异常等)进行捕获，从而实现对测试结果的统计。

(4) TestSuit：测试包，按照树形结构管理测试用例。

TestSuit 是 TestComposite 的一个实现，它采用 vector 来管理子测试对象(Test)，从而形成递归的树形结构。

(5) TestFactory：测试工厂。

这是一个辅助类，通过借助一系列宏定义让测试用例的组织管理变得自动化。

(6) TestRunner：用于执行测试用例。

TestRunner 将待执行的测试对象管理起来，然后供用户调用。其接口为：virtual void addTest(Test *test);

virtual void run(TestResult &controller, const std::string &testPath ＝ "")。

这也是一个辅助类，需注意的是，通过 addTest 添加到 TestRunner 中的测试对象必须是通过 new 动态创建的，用户不能删除这个对象，因为 TestRunner 将自行管理测试对象的生命期。

CppUnit 中最小的测试单元是类中的待测函数，待测函数不能有参数和返回值，待测函数也可以称为 TestMethod 测试方法，多个相关的测试方法可以组成一个 TestCase 测试用例，多个测试用例又可以组成一个 TestSuite 测试包，一个测试包下面还可以嵌套测试包，这样 CppUnit 中的测试就形成一个树形结构。

步骤四：执行 HostApp 项目

将 HostApp 设置为活动工程，然后编译运行，运行结果如图 6.7 所示。

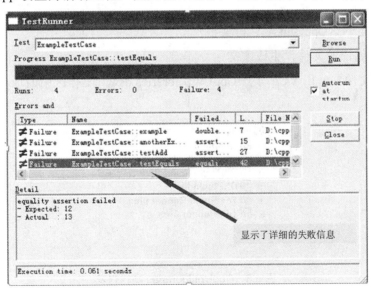

图 6.7　HostApp 项目运行结果

此项目仍然是基于 GUI 的，只不过演示了测试用例未通过的情形，图 6.7 中 Progress 下面的红条表示有测试用例执行未通过，红条下面的列表显示了详细的错误信息。

6.1.3 CppUnit 测试环境搭建

要使用 CppUnit 进行单元测试，必须获得 CppUnit 提供的库文件，因为下载到的 cppunit- 1.12.1.tar.gz 解压后主要的文件夹如下。

(1) doc: CppUnit 的说明文档。另外，代码的根目录，还有 3 个说明文档，分别是 INSTALL、INSTALL-unix、INSTALL-WIN32.txt。

(2) examples: CppUnit 提供的例子，也是对 CppUnit 自身的测试，通过它可以学习如何使用 CppUnit 测试框架进行开发。

(3) include: CppUnit 头文件。

(4) src: CppUnit 源代码目录。

(5) config：配置文件。

(6) contrib：contribution，其他人贡献的外围代码。

(7) lib：存放编译好的库。

(8) src：源文件，以及编译库的 project 等。

而上面的解压后的 lib 子目录中并不包含框架提供的库文件，需要自己编译源代码生成。

例 6.2 第一个 CppUnit 测试框架搭建

步骤一：编译源文件，生成库文件

进入 src 文件夹，用 VC6 打开 CppUnitLibraries.dsw，工作区中的项目列表如图 6.8 所示。

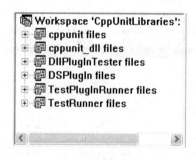

图 6.8　CppUnitLibraries 项目列表

选择 Build 菜单，然后选择 Batch Build，一次性 Build 所有项目，库文件会输出到 lib 目录。Build 成功后，在 lib 目录会发现多了很多库文件。Cpp 库文件见表 6-1。

表 6-1　Cpp 库文件

库文件名	对应版本	功　　能
cppunit.lib	release 版本	CppUnit 静态库
cppunitd.lib	debug 版本	CppUnit 静态库
cppunit_dll.dll	release 版本	CppUnit 动态库
cppunit_dll.lib	release 版本	CppUnit 动态导入库
cppunitd_dll.dll	debug 版本	CppUnit 动态库
cppunitd_dll.lib	debug 版本	CppUnit 动态导入库
qttestrunner.dll	release 版本	QT TestRunner 动态库
qttestrunner.lib	release 版本	QT TestRunner 导入库
testrunner.dll	release 版本	MFC TestRunner 动态库
testrunner.lib	release 版本	MFC TestRunner 导入库
testrunnerd.dll	debug 版本	MFC TestRunner 动态库
testrunnerd.lib	debug 版本	MFC TestRunner 导入库
testrunneru.dll	release 版本	MFC Unicode TestRunner 动态库
testrunneru.lib	release 版本	MFC Unicode TestRunner 导入库
testrunnerud.dll	debug 版本	MFC Unicode TestRunner 动态库
testrunnerud.lib	debug 版本	MFC Unicode TestRunner 导入库
TestRunnerDSPlugIn.dll	注册到 VC++中的插件，使用它后，在 GUI 测 试结果输出界面中，双击 failure，可以在 VC 环境中定位到错误所在行	

　　生成的库文件将被复制到 lib 目录下。中途或者会有些 project 编译失败，一般不用管它，重点看的是 CppUnit 和 TestRunner 的 debug 和 release 版本。

　　CppUnit 提供了两套测试框架库，一个为静态的 lib，一个为动态的 dll，并且每套都有 debug 和 release 两个版本。在编写测试项目时，可以根据需要链接不同的框架库。

　　步骤二：在 VC 中进行参数设置

　　在 VC 中设置头文件和库文件路径，在 VC 中选择 tools 菜单，然后选择 options子菜单，在弹出的设置窗口的 Directories 选项页中分别添加头文件和库文件路径，如图 6.9 所示。

　　在此窗口中可以为 VC 增加头文件路径和库文件路径，例如，在 Include files 增加路径 D:\cppunit-1.12.1\cppunit-1.12.1\include，Library files 增加路径 D:\cppunit-1.12.1\cppunit-1.12.1\lib，当然也可以将 include 和 lib 文件夹中的文件单独组织到重新创建的目录中，然后再配置到 VC 的路径中。

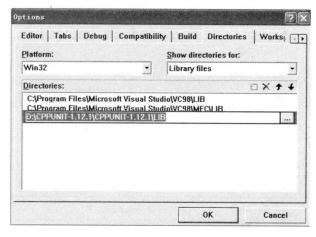

图 6.9　设置 VC 的路径信息

步骤三：在 VC 中进行参数设置

在编写程序时如果需要用到 dll 文件，可以将所需 dll 文件放到 Project 目录中，但更简单的办法是，可以将所需 dll 文件所在目录设置到系统的环境变量 PATH 中，这样开发的时候比较方便。需要指出，一般情况下，dll 文件需要与生成的程序一同发布，此时必须将 dll 文件复制到应用程序所在目录中。因此读者可以将 lib 目录添加到 PATH 环境变量中，也可以自己重新组织到一个目录中，再将其添加到 PATH 环境变量中。

前面提到过，CppUnit 最小的测试单位是 TestCase，多个相关 TestCase 组成一个 TestSuite。要添加测试代码最简单的方法就是利用 CppUnit 提供的几个宏来进行(当然还有其他的手工加入方法，但均是殊途同归，大家可以查阅 CppUnit 头文件中的演示代码)。CppUnit 提供的几个宏如下。

(1) CPPUNIT_TEST_SUITE() 开始创建一个 TestSuite。

(2) CPPUNIT_TEST() 添加 TestCase。

(3) CPPUNIT_TEST_SUITE_END() 结束创建 TestSuite。

(4) CPPUNIT_TEST_SUITE_NAMED_REGISTRATION() 添加一个 TestSuite 到一个指定的 TestFactoryRegistry 工厂。

感兴趣的读者可以在 HelperMacros.h 中查看这几个宏的声明，本文在此不做详述。

TDD 先写测试代码，后写产品代码(CPlus)。先写的测试代码往往是不能运行或编译的，在写好测试代码后写产品代码，使之编译通过，然后再进行重构。这就是 Kent Beck 说的 "red/green/refactor"。所以，上面的类名和方法应该还只是开发人员的 idea 而已。

根据测试驱动的原理，需要先建立一个单元测试框架。在 VC 中为测试代码建立一个 project。通常，测试代码和被测试对象(产品代码)处于不同的 project 中。这样就不会让产品代码被测试代码所"污染"。

由于在 CppUnit 下，可以选择控制台方式和 UI 方式两种表现方案，这里选择 UI 方式。在本例中，将建立一个基于 GUI 方式的测试环境，因此建立一个基于对话框的 Project，假设名为 firstTest。

建立了 firstTest project 之后，首先配置这个工程。

首先在 project 中 link 正确的 lib。包括本例采用的 cppunit.lib 和 cppunitd.lib 静态库以及用于 GUI 方式的 TestRunner.dll 对应的 lib。在"Object/library modules"中，针对 debug 和 release 分别加入 cppunitd.lib testrunnerd.lib 和 cppunit.lib TestRunner.lib。

具体位置在 Project/Settings/Link/General，如图 6.10 所示。

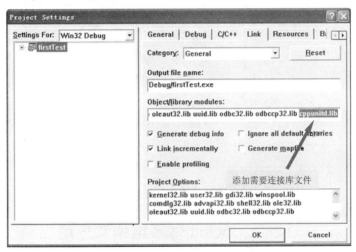

图 6.10　link 正确的 lib

然后在 project 中打开 RTTI 开关，具体位置在菜单 Project/Settings/C++/C++ Language 中，如图 6.11 所示。

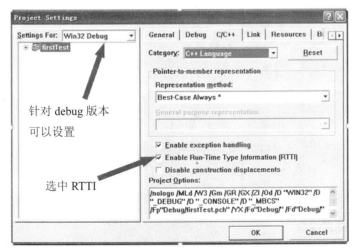

图 6.11　打开 RTTI 开关

由于 CppUnit 所用的动态运行期库均为多线程动态库，因此单元测试程序也须使用相应设置，否则会发生冲突。于是在 Project/Settings/C++/Code Generation 中进行如下设置。

在 Use run-time library 栏中，针对 debug 和 release 分别设置为"Debug Multithreaded DLL"和"Multithreaded DLL"，如图 6.12 所示。

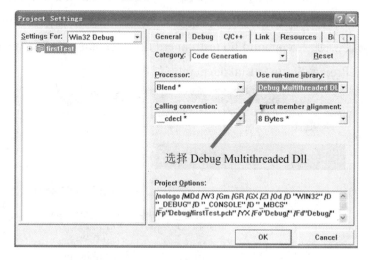

图 6.12　设置多线程动态库

6.2　CppUnit 体系结构和应用

在 CppUnit 测试框架中，采用树形结构来组织和管理测试对象，在测试树中有两类节点，一类是叶子节点，代表了具体的测试用例，另一类是非叶子节点，代表了测试包，测试包下面可以拥有具体的测试用例，也可以拥有子测试包，从而构成了树状结构。类似于文件树，测试包代表了文件夹，测试用例代表了文件。

类 Test 是所有测试类的父类，框架采用了组合设计模式(Composite Pattern)，某些测试类代表了单个测试用例，是具体的测试的执行实体，如 TestLeaf、TestCase 及 TestFixture，构成了测试对象树中的叶子节点，对应 Composite Pattern 中的 Leaf。而某些测试类如 TestComposite 和 TestSuite 则管理了多个测试，构成了测试用例树中的非叶子节点，对应于 Composite Pattern 中的 Composite。TestComposite 和 TestSuite 主要起组织管理的作用，类似于文件树中的文件夹，TestLeaf、TestCase 及 TestFixture 才是最终具有执行能力的测试对象，类似于文件树中的文件。

6.2.1　CppUnit 断言简介

在详细介绍 CppUnit 的使用之前，需要对比 JUnit 的工具，讨论 CppUnit 的断言机制。类似于 JUnit 测试框架，CppUnit 也是通过断言来判断测试用例执行是否成功，当断言失败时会记录错误信息，然后通过某种方式输出。与 Java 语言不同，C++直接生成可执行文件。为了能够准确跟踪错误发生的位置，C++编译器使用了一种称为"桩代码"的技术。简单地说，可以认为 C++编译器为生成的可执行文件加入了可以识别的标签，通过标签 C++编译器可以识别出执行语句的标号。CppUnit 的断言就是在此基础上扩展的宏定义。CppUnit 的使用者可以简单地将这些宏插入到需要判断的语句前后。只要熟悉这些宏定义就可以满足绝大多数日常工作的需要。例如，宏 PPUNIT_ASSERT_EQUAL (expected,actual) ，若参数 expected 和 actual 的值不相等则断言失败。

在开发测试用例时，使用框架提供的断言宏已经足够满足日常测试需要。CppUnit 内部定义了一些函数来处理一些条件判断，断言宏正是对这些函数的封装。CppUnit 断言宏的定义说明见表 6-2。

表 6-2 CppUnit 断言宏

宏 名	功 能
CPPUNIT_ASSERT(condition)	判断 condition 的值是否为真，如果为假则生成错误信息，并获取发生错误的文件和行号
CPPUNIT_ASSERT_MESSAGE(message, condition)	与 CPPUNIT_ASSERT 类似，但结果为假时报告 messsage 信息，并获取发生错误的文件和行号
CPPUNIT_FAIL(message)	直接报告 messsage 错误信息
CPPUNIT_ASSERT_EQUAL(expected, actual)	判断参数 expected 和 actual 的值是否相等，如果不相等则输出错误信息。要求 expected 和 actual 的类型必须一样
CPPUNIT_ASSERT_EQUAL_MESSAGE(message, expected, actual)	功能与 CPPUNIT_ASSERT_EQUAL 类似，但断言失败时输出 message 信息。要求 expected 和 actual 的类型必须一样
CPPUNIT_ASSERT_DOUBLES_EQUAL(expected, actual, delta)	判断 expected 与 actual 的偏差是否小于 delta，用于浮点数比较。若在使用此宏时，expected 或 actual 不是一个数值，则断言会失败
CPPUNIT_ASSERT_DOUBLES_EQUAL_MESSAGE(message ,expected, actual, delta)	功能与 CPPUNIT_ASSERT_DOUBLES_EQUAL 类似，但断言失败时会输出 message 信息
CPPUNIT_ASSERT_THROW(expression, ExceptionType)	断言执行表达式 expression 后会否抛出 ExceptionType 类型的异常。例如， std::vector<int> v; CPPUNIT_ASSERT_THROW(v.at(50), std::out _of_ range)

宏　　名	功　　能
CPPUNIT_ASSERT_THROW_MESSAGE(message, expression, ExceptionType)	功能与 CPPUNIT_ASSERT_THROW 类似，但断言失败时会输出 message 信息。例如， std::vector\<int\> v; CPPUNIT_ASSERT_THROW_MESSAGE("- std::vector\<int\> v;", v.at(50), std::out_of_range)
CPPUNIT_ASSERT_NO_THROW(expression)	断言执行表达式不会产生异常。例如， std::vector\<int\> v; v.push_back(10); CPPUNIT_ASSERT_NO_THROW(v.at(0))
CPPUNIT_ASSERT_NO_THROW_MESSAGE(me-ssage, expression)	功能与 CPPUNIT_ASSERT_NO_THROW 类似，但断言失败时会输出 message 信息。例如， std::vector\<int\> v; v.push_back(10); CPPUNIT_ASSERT_NO_THROW("std::vector\<int\> v;", v.at(0))
CPPUNIT_ASSERT_ASSERTION_FAIL(assertion)	断言 assertion 断言失败。例如， CPPUNIT_ASSERT_ASSERTION_FAIL(CPPUNIT_ASSERT(1 == 2))
CPPUNIT_ASSERT_ASSERTION_FAIL_MESSAGE(message, assertion)	功能与 CPPUNIT_ASSERT_ASSERTION_FAIL 类似，但断言失败时会输出 message 信息。例如， CPPUNIT_ASSERT_ASSERTION_FAIL_MESSAGE("1 == 2", CPPUNIT_ASSERT(1 == 2))
CPPUNIT_ASSERT_ASSERTION_PASS(assertion)	断言 assertion 断言通过，例如，CPPUNIT_ASSERT_ASSERTION_PASS(CPPUNIT_ASSERT(1 == 1))
CPPUNIT_ASSERT_ASSERTION_PASS_MESSAGE(message, assertion)	功能与 CPPUNIT_ASSERT_ASSERTION_PASS 类似，但断言失败时会输出 message 信息。例如， CPPUNIT_ASSERT_ASSERTION_PASS_MESSAGE("1 != 1", CPPUNIT_ASSERT(1 == 1))

6.2.2　CppUnit 的体系结构

作为一个开源的单元测试框架，只有掌握了它的体系结构，开发人员才能熟练应用 CppUnit 进行单元测试，在必要时，也可以修改框架的源代码以满足测试需求。本小节介绍框架的体系结构及如何使用框架进行单元测试。

CppUnit 核心内容主要包括 6 个方面。

1. 测试对象类

这部分类有 Test、TestLeaf、TestCase、TestCaller、TestComposite、TestSuite，其中 Test 是所有测试对象类的父类，这些类主要用于开发测试用例，对测试用例进行组织管理。

2. 测试结果收集类

CppUnit 用 TestResult 类负责收集测试过程中的相关信息，，采用观察者模式 (Observer Pattern)，TestResult 作为主题，TestListener 作为 TestResult 的观察者。支持多线程，即可以在一个线程中执行测试，在另一个线程中收集测试结果；或者在不同线程中并行执行多个测试，而用一个线程收集测试结。TestListener 是一个基类，本身并不做实际的工作，具体的测试结果的保存和处理由 TestResultCollector 类来完成。

3. 测试执行类

这部分类有 TestRunner、TextTestRunner，主要用于运行一个测试。

4. 结果输出类

这部分类有 Outputter、TextOutputter、CompilerOutputter、XmlOutputter，负责将结果进行输出，可以制定不同的输出格式。

5. 测试对象工厂类

这部分类有 TestFactory、TestFixtureFactory、TestSuiteFactory、AutoRegisterSuite、TestSuiteBuilderContextBase、testSuiteBuilderContext、TestFactoryRegistry、TestFactoryRegistryList，用于创建测试对象，对测试用例进行自动化管理。

6. 其他

包括 TestFailure、TypeInfoHelper 等辅助类。

以下简要叙述几个重要类。

1) TestPath

如果把整个测试用例树比作文件树的话，TestPath 表示的是一个相对/绝对路径。它内部保存的是一个 Test 的队列，也就是说，它把一个类似于 /root/suite/case 或者 /suite/child/case 的路径变为一个路径上所经过的 Test 对象的队列。通过这个结构，可以很方便地在树结构中的节点间随意移动。

2) Test

Test 类中，除了虚析构函数和纯虚函数 virtual void run(TestResult *result)＝0 用来执行测试以外，别的函数都是用来进行树管理的。因为树是递归定义的，作为一个节点，它只需要能够枚举自身的子节点就可以了。这些相关的函数为：countTestCases 用来返回这个节点及其子节点中包含了多少个有效的 Test 对象，这样做主要是处于计数的目的，因为 Test 树上很多节点本身并不包含任何测试代码；getChildTestCount 返回直接的子节点个数；getChildTestAt 接受一个索引，返回相应的子节点；getName 返回这个节点的名字。上述函数都是纯虚函数，由子类给出具体定义。

getChildTestAt 是一个虚函数，它内部实际调用的是 checkIsValidIndex 和 doGetChildTestAt，并且 CppUnit 的设计者也建议不要重载它，而是重载 doGetChildTestAt 函数。这个是 GoF 里面的 Template Method 模式，不过既然这里不建议重载，就不应该使用 virtual 函数。

Test 类真正实现的功能是对非直接子节点的处理。如前所述，直接子节点可以通过一个 index 表示，而非直接子节点则通过 TestPath 表示。Test 提供了 findTestPath、findTest 以及 resolveTestPath 函数来对这些功能提供支持。虽然这些函数是以虚函数的形式提出的，也就是说，理论上可以进行扩展，但是事实上在整个 CppUnit 体系中，只有 Test 类对它们作了实现。

3) TestLeaf

TestLeaf 是 Test 的子类，它代表了 Test 树上的一个叶节点。它的实现很简单，对于 countTestCases 返回 1，因为它自身就是一个有效的 Test；getChildTestCount 则返回 0，因为没有子节点；它的 doGetChildTestAt 在正常情况下根本不应该被调用。

4) TestComposite

TestComposite 也是 Test 的子类，它代表了 Test 树上的一个非根节点，这里对它的使用类似于一个 GoF 中 Composite 模式。它的 countTestCases 返回的是对所有子节点的 countTestCases 的累加，从这点上可以看出，TestComposite 本身只是一个 Test 的容器，不作为一个有效的 Test。TestComposite 的 run 函数会调用自身的 doStartSuite 函数，在这个函数中，会对 TestResult 的 startSuite 进行调用；然后 run 函数再通过 doRunChildTests 函数间接调用所有子节点的 run，最后通过 doEndSuite 函数间接调用 TestResult 的 endSuite 函数。TestComposite 的 run 函数其实也是一个 Template Method 模式，因为通常希望通过 3 个 do****函数来对其进行定制。对于 TestRunner::startSuite/endSuite 的调用是为了让传入的 TestRunner 在每个 Suite 被测试的前后都得到通知，以做一些簿记工作。

5) TestCase

TestCase 继承自 TestLeaf 和 TestFixture，是整个 CppUnit 中最常用最重要的类之一。顾名思义，TestCase 代表了通常 UnitTest 中所指的测试用例，也是整个 Test 树中最常用的叶节点。这个类既在 Test 树中有它的位置，也直接地参与测试的进行，所以被放在下一节介绍。

6) TestSuite

TestSuite 是从 TestComposite 继承而来的，TestComposite 为非根节点提供了运行机制，而 TestSuite 则在此基础上提供了对于子节点的管理。譬如说，通过 addTest 函数可以加入 Test，通过 deleteContents 删除所有的子 Test 对象，它还实现了 getChildTestCount 和 doGetChildTestAt 函数以返回子节点的个数和指针。

这些类包括 TestFixture、TestCase、TestCaller、TestRunner、TestListener、TestResult 和 Protector 类体系。

7) TestFixture

与其说 Test 类是所有 Test 的根，不如说 TestFixture 是 CppUnit 中所有"测试"的根。因为仅仅从 Test 类继承而来的类只是这个体系的"管理部门"，而从 TestFixture 继承而来的类，才是真正进行测试的"执行部门"。TestFixture 除了一个虚析构函数(C++中"请从我派生"的代名词)以外，还定义了两个虚函数：setUp 和 tearDown，前者初始化一次测试，后者清除一次测试所产生的所有副作用。这 3 个函数在 TestFixture 中的定义都是空的。

8) TestCase

TestCase 处于两个类体系的交汇点，使用多重继承从 TestLeaf 和 TestFixture 继承。这个类既没有对 TestLeaf 中对于作为 Test 树子节点方面的功能进行加强，也没有重新定义 TestFixture 中为空的 setUp 和 tearDown。但它却定义了 run，run 中，先调用 TestRunner::startCase，然后调用 setUp，最后调用 TestCase 中新定义的 runTest 函数，最后调用 tearDown 和 TestRunner::endCase。runTest 是一个纯虚函数定义，用户可以从 TestCase 派生，并且定义一个自己的 runTest 函数，以进行一些简单/单一的测试工作。如果要进行复杂的测试工作/构建复杂的测试用例树，那么应该使用别的机制。这样说的原因有两方面：首先从管理角度说，如果有几项测试任务，就应该把它们作为 Test 树中的不同节点，这样可以对总任务数/失败数进行统计，而 TestCase 是一个 TestLeaf，

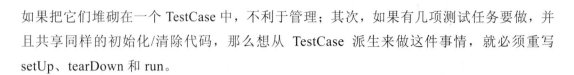

如果把它们堆砌在一个 TestCase 中，不利于管理；其次，如果有几项测试任务要做，并且共享同样的初始化/清除代码，那么想从 TestCase 派生来做这件事情，就必须重写 setUp、tearDown 和 run。

9) TestCaller

TestCaller 是一个 GoF 中的 Adapter 模式，它可以把任意一个定义了 setUp/tearDown 的类的对象包装为一个 TestCase，并且在 runTest 中对这个对象的某个函数进行调用。也就是说，如果有一个 TestFixture 的派生类 FooBarTest，其中有一个 fooTest 和一个 barTest 函数，那么 TestCaller<FooBarTest>(FooBarTest::fooTest)以及 TestCaller<FooBarTest>(FooBarTest::batTest)就是两个 TestCase 派生类，它们的实例可以作为 TestCase 被加入到 Test 树中，也可以独立的进行测试运行。

TestCaller 从 TestCase 派生而来，并且接受某个类的实例(也可以自己通过 new 生成一个)以及方法的指针作为构造函数参数并且保存在内部，在 setUp 和 tearDown 函数中，它调用了对象的 setUp 和 tearDown，并且在 runTest 函数中使用保存的对象对其指定的成员函数进行调用。使用 TestCaller 的好处是，可以把一组相关的 Test 任务放在某个从 TestFixture 派生而来的类中，并且用 TestCaller 把它们包装成若干个 TestCase。这样既便于对相关的测试任务的管理，也能让不同的任务成为 Test 树的不同子节点。

10) TestListener

TestListener 其实是一个测试事件的接收器，它定义了 startTest、endTest、startSuite、endSuite、startTestRun、endTestRun 和 addFailure 方法，这些都是空的虚函数，开发人员可以定义自己的派生类并且对自己感兴趣的事件进行处理。

11) TestResult

TestResult 是从 SynchronizedObject 继承而来的，SynchronizedObject 其实就是对 Java 中 synchronized 的模拟，SynchronizedObject 和 SynchronizedObject::ExclusiveZone 是一个典型的用 RAII 对某一个作用域进行互斥访问的例子。TestResult 定义了 addListener 和 removeListener 方法来管理事件的订阅者，也定义了所有 Listener 的方法，当对 TestResult 的某个事件方法调用时，它会把这个事件发送给所有的 Listener，不过 CppUnit 的开发者并不认为 TestResult 是一个 TestListener，所以即使它同相同的方法实现了 TestListener 的所有函数，也没有从 TestListener 继承。

TestResult 内部维护了一个测试过程是否被强行中止的标志，并且通过 reset、stop 和 shouldStop 对其进行管理，这给予运行中的测试一个响应强行中止的机会。

TestResult 增加了几个函数，runTest 就是其中之一，它接收一个 Test 的指针作为参数，并且调用这个 Test 对象的 run。当有一个 Test 对象和一个 TestResult 对象的时候，就可以通过 Test::run(TestResult*)或者 TestResult::runTest(Test*)来完成一次测试任务，区别在于后者在调用 Test::run 的前后会对 TestResult::startTestRun 和 TestResult::endTestRun 进行调用。

另一些比较有趣的函数是 protect、pushProtector 和 popProtector。这 3 个函数其实维护了一个 ProtectorChain 对象，在 protect 中调用 ProtectorChain::protect 来为测试提供一个受保护的环境。

12）Protector 类体系

运行某个测试任务时，可以根据返回值来判断成功还是失败，可是有些"不良"函数会抛出异常，必须对异常进行捕捉，否则就不能进入下一个测试，而整个工作会提前用一种极其可悲的方式结束。基本的 Protector 只提供了一些报错的辅助函数。通过查看 DefaultProtector::protect 的代码，可以得知在它的 protect 中，会尝试捕获 Exception 和 std::exception，并且对所有未知的异常用…进行捕捉。DefaultProtector 适合作为一个"最后的选择"来使用，因为开发人员希望知道是否抛出了某个或者多个特定的异常，这需要使用 ProtectorChain。ProtectorChain::protect 中有如下一段代码。

```
Functors functors;
for ( int index = m_protectors.size()-1; index >= 0; -index )
{
const Functor &protectedFunctor = functors.empty() ? functor : *functors.back();
functors.push_back( new ProtectFunctor( m_protectors[index], protectedFunctor,
context ) );
}
```

代码中，m_protectors 是一组 Protector，这段代码通过 ProtectFunctor 来把这些 Protector 连接在一起，并且它的根是 functor，也就是那个需要保护的函数。在对 functors 最后一个元素调用的时候，它先建立自己的保护机制，然后调用 functor。

6.3　CppUnit 测试结果输出

例 6.1　测试结果输出——CppUnit 自定义结果输出

案例分析：一般情况下，CppUnit 使用了不同的进行测试输出，测试人员使用不同的类就可以得到不同的测试结果输出。顾名思义，XmlOutputter 输出的结果是 XML 文件，CompilerOutputter 输出的结果是编译器显示等。

功能设计：CppUnit 的测试结果输出的形式比较复杂，这是由 C++语言本身所决定的。因为 C++语言生成的是二进制可执行文件，这种形式决定了 C++程序一定与平台是紧密相关的。为了帮助初学者掌握 CppUnit 的测试报告输出，本节将分类详细介绍每一个类的详细使用方法。

代码设计：具体代码我们将分类逐一介绍。

1. XMLOutputter

TextOutputter 可以向屏幕输出测试结果，也可以向指定的文件输出结果，XMLOutputter 则以 XML 格式输出测试结果，可以向屏幕输出，也可以向文件输出。关于 TextOutputter 的使用前面几个例子代码中已经体现，下面给出一个使用 XMLOutputter 将测试结果输出到指定 XML 文件的简单例子。

```cpp
#include <cppunit/TestCase.h>
#include <cppunit/TestSuite.h>
#include <cppunit/TestResult.h>
#include <cppunit/TestResultCollector.h>
#include <cppunit/TextOutputter.h>
#include <cppunit/TestCaller.h>
#include <cppunit/TextTestRunner.h>
#include <cppunit/XmlOutputter.h>
#include <iostream>
#include <fstream>
// 继承 TestFixture，定义自己的测试类
class SimpleTest : public CppUnit::TestFixture
{
    public:
        //初始化代码
        void setUp()
        {
            m_value1 = 2;
            m_value2 = 4;
        }
        //清理代码
        void tearDown()
        {
        }
        // 测试加法
        void testAdd()
        {
int result = m_value1 + m_value2;
```

```
                    CPPUNIT_ASSERT( result == 5 );
            }
private:
int m_value1;
int m_value2;
};


int main(intargc, char* argv[])
{
CppUnit::TextTestRunner runner; // 定义执行实体

    //向 runner 中增加测试对象
runner.addTest(new CppUnit::TestCaller<SimpleTest>("testAdd", &Simple
Test::testAdd));

    //指定输出的 XML 文件
std::ofstreamresultFile("result.xml");

    //TextTestRunner 默认的使用 TextOutputter 输出测试结果
    //通过调用 setOutputter()，设置使用 XmlOutputter 来输出测试结果
runner.setOutputter(new
CppUnit::XmlOutputter(&runner.result(),resultFile, "ISO-8859-1"));

runner.run("",true,true,true);

return 0;
}
```

在 VC6 中执行该例子后，在屏幕上输出测试过程，测试结果输出到 result.xml 文件。result.xml 的结果如图 6.13 所示。

```
<?xml version="1.0" encoding="ISO-8859-1" standalone="yes" ?>
- <TestRun>
  - <FailedTests>
    - <FailedTest id="1">
        <Name>testAdd</Name>
        <FailureType>Assertion</FailureType>
      - <Location>
          <File>D:\cppunit-1.12.1\TextTestRunner_XmlOutputter\test.cpp</File>
          <Line>30</Line>
        </Location>
        <Message>assertion failed - Expression: result == 5</Message>
      </FailedTest>
    </FailedTests>
    <SuccessfulTests />
  - <Statistics>
      <Tests>1</Tests>
      <FailuresTotal>1</FailuresTotal>
      <Errors>0</Errors>
      <Failures>1</Failures>
    </Statistics>
  </TestRun>
```

图 6.13　以 XML 文件输出测试结果

2. CompilerOutputter

CompilerOutputter 将 TestResultCollector 中的测试结果以编译器兼容方式输出在 IDE 环境中，类似于在 IDE 环境下编译程序产生了错误，双击错误提示可以定位出错代码，可以双击用例失败的提示内容定位出错的断言。使用 CompilerOutputter 测试的代码如下。

```
#include <cppunit/TestCase.h>
#include <cppunit/TestSuite.h>
#include <cppunit/TestResult.h>
#include <cppunit/TestResultCollector.h>
#include <cppunit/TextOutputter.h>
#include <cppunit/TestCaller.h>
#include <cppunit/TextTestRunner.h>
#include <cppunit/CompilerOutputter.h>

// 继承 TestFixture,定义自己的测试类
class SimpleTest : public CppUnit::TestFixture
{
    public:
        //初始化代码
        void setUp()
        {
            m_value1 = 2;
            m_value2 = 4;
        }
        //清理代码
        void tearDown()
        {
        }
        // 测试加法
        void testAdd()
        {
int result = m_value1 + m_value2;
            CPPUNIT_ASSERT( result == 5 );
    }
private:
int m_value1;
int m_value2;
};

int main(intargc, char* argv[])
```

```
{
boolselfTest = ((argc>1)  &&std::string("-selftest") == argv[1]);
CppUnit::TextTestRunner runner; // 定义执行实体

    //向 runner 中增加测试对象
runner.addTest(new CppUnit::TestCaller<SimpleTest>("testAdd", &SimpleTest::
testAdd));
    if ( selfTest )
    {
    //如果程序运行时指定了参数-selftest, 则用 CompilerOutputter 输出测试结果
runner.setOutputter( new CppUnit::CompilerOutputter( &runner.result(),
std::cerr ) );
    }
    // 若未指定运行参数直接将结果输出到屏幕
boolwasSuccessful = runner.run( "", !selfTest );

    return 0;
}
```

在 VC6 的 Project Settings 中的 Post-build step 处加上一个自定义命令: $(TargetPath)
–selftest, $(TargetPath)代表编译后生成的 exe 文件, -selftest 则是命令行参数。编译代码
后立刻执行, 在 VC6 的 output 窗口就会输出测试结果, 如果有测试用例执行失败, 则双
击失败提示会在代码窗口中直接定位失败的断言。本程序的输出结果如图 6.14 所示。

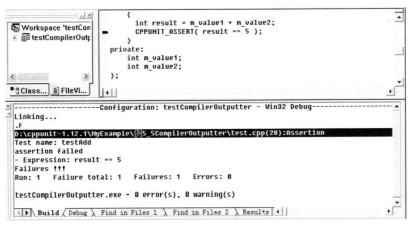

图 6.14　Compiler 测试结果输出

3. 采用 GUI 方式输出测试结果

CppUnit 还支持以 GUI 的方式运行测试对象和查看测试结果。除了需要 CppUnit 的
框架链接库以外, 还需要 TestRunnerd.dll(debug 版本)或者 TestRunner.dll(release 版本)
的支持。下面通过一个例子来介绍如何使用 CppUnit 的图形测试界面, 并且使用

TestRunnerDSPlugIn 插件快速定位失败的断言，即在运行界面中双击失败信息，就能够在 IDE 环境中快速定位失败的断言语句,这种输出方式较为复杂，下面分步骤进行实现。

步骤一：建立基于对话框的工程

选择 MFC AppWizard(exe)创建工程，工程命名为 testGUI。在工程向导中选择基于对话框的应用程序，如图 6.15 所示。

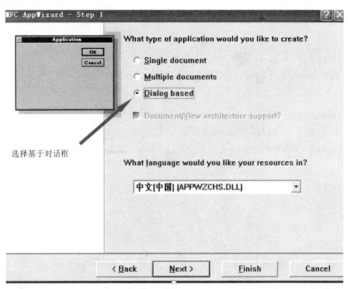

图 6.15　工程类型选择对话框

其他选项全部默认，直接单击 Finsh 按钮。

步骤二：添加 CppUnit 库文件

在 VC 的 project setting 中的 Link 选项页的 Object/library modules 录入框中增加 CppUnit 的库文件：cppunitd.lib testrunnerd.lib。

步骤三：打开 RTTI 开关

这里不需要设置代码的运行库，因为 MFC Project 默认就是 Multithreaded Dll 运行库，所以只需要打开 RTTI 开关。

步骤四：复制 dll 文件

基于图形界面的测试工程需要 testrunnerd.dll(debug 版本)文件，将文件复制到工程所在的文件夹。由于要使用插件 TestRunnerDSPlugIn.dll，所以也要将此文件复制到工程所在文件夹。

步骤五：安装插件

在 Tools/Customize/Add-ins and Macro files 中单击 Browse 按钮，选择要安装的插件 TestRunnerDSPlugIn.dll，如图 6.16 所示。

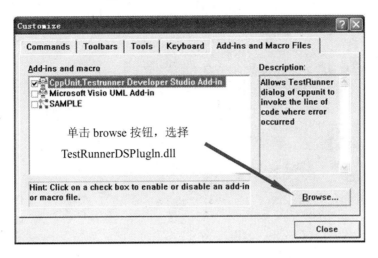

图 6.16 安装 TestRunnerDSPlugIn

步骤六：编写测试用例

在项目中新增一个头文件 testSample.h，定义测试对象类，为了简便，采用前面例子中使用过的测试代码，具体代码如下。

```
#include <cppunit/TestFixture.h>

// 继承 TestFixture,定义自己的测试类
class SimpleTest: public CppUnit::TestFixture
{
    public:
        //初始化代码
        void setUp()
        {
            m_value1 = 2;
            m_value2 = 4;
        }
        //清理代码
        void tearDown()
        {

        }
        // 测试加法
        void testAdd()
        {
int result = m_value1 + m_value2;
            CPPUNIT_ASSERT( result == 6 );
        }
        //测试减法
```

```
        void testSub()
        {
int result = m_value2 - m_value1;
        //故意设置会失败的断言,以观察测试结果
        CPPUNIT_ASSERT( result == 1 );
        }
        //测试乘法
        void testMulti()
        {
int result = m_value2 * m_value1;
        CPPUNIT_ASSERT( result == 8 );
        }

private:
int m_value1;
int m_value2;;
};
```

步骤七：屏蔽工程对话框

为了简便，将测试用例的创建代码直接写入 testGUI.cpp 文件中。要屏蔽掉工程原有的对话框，项目运行时打开 CppUnit 的测试对话框，所以要将项目原有的对话框处理的代码注释掉，testGUI.cpp 的完整代码如下，请仔细阅读代码中的注释。

```
#include "stdafx.h"
#include "testGUI.h"
#include "testGUIDlg.h"
#include <cppunit/TestCase.h>
#include <cppunit/TestSuite.h>
#include <cppunit/TestCaller.h>
#include <cppunit/ui/mfc/TestRunner.h>
#include "testSample.h"

#ifdef _DEBUG
#define new DEBUG_NEW
#undef THIS_FILE
static char THIS_FILE[] = __FILE__;
#endif

/////////////////////////////////////////////////////////////////////
// CTestGUIApp
BEGIN_MESSAGE_MAP(CTestGUIApp, CWinApp)
//{{AFX_MSG_MAP(CTestGUIApp)
// NOTE - the ClassWizard will add and remove mapping macros here.
```

```
//    DO NOT EDIT what you see in these blocks of generated code!
//}}AFX_MSG
    ON_COMMAND(ID_HELP, CWinApp::OnHelp)
END_MESSAGE_MAP()

/////////////////////////////////////////////////////////////////////////
// CTestGUIApp construction

CTestGUIApp::CTestGUIApp()
{
    // TODO: add construction code here,
    // Place all significant initialization in InitInstance
}

/////////////////////////////////////////////////////////////////////////
// The one and only CTestGUIApp object

CTestGUIApptheApp;

/////////////////////////////////////////////////////////////////////////
// CTestGUIApp initialization

BOOL CTestGUIApp::InitInstance()
{
AfxEnableControlContainer();

    // Standard initialization
    // If you are not using these features and wish to reduce the size
    //  of your final executable, you should remove from the following
    //  the specific initialization routines you do not need.

#ifdef _AFXDLL
    Enable3dControls();          // Call this when using MFC in a shared DLL
#else
    Enable3dControlsStatic();   // Call this when linking to MFC statically
#endif
    //注释掉下面的代码
    /*
    CTestGUIDlgdlg;
    m_pMainWnd = &dlg;
    intnResponse = dlg.DoModal();
    if (nResponse == IDOK)
    {
```

```
        // TODO: Place code here to handle when the dialog is
        //  dismissed with OK
    }
    else if (nResponse == IDCANCEL)
    {
        // TODO: Place code here to handle when the dialog is
        //  dismissed with Cancel
    }

    // Since the dialog has been closed, return FALSE so that we exit the
    //  application, rather than start the application's message pump.
    */

    //添加 CppUnit 的测试代码
    //定义 CppUnit 的测试执行器
CppUnit::MfcUi::TestRunner runner;

    //定义一个 TestSuite 对象,取名为 suite
CppUnit::TestSuite *suite= new CppUnit::TestSuite("suite");
    //定义一个 TestSuite 对象,取名为 suite2
CppUnit::TestSuite *suite2= new CppUnit::TestSuite("suite2");

    //在 suite 中增加一个测试对象,该测试对象是一个 TestCase,对应一个叶子节点
    suite->addTest(new CppUnit::TestCaller<SimpleTest>("testMulti",
&SimpleTest::testMulti));

    //在 suite2 中增加两个测试对象,该测试对象是个 TestCase,对应一个叶子节点
    suite2->addTest(new CppUnit::TestCaller<SimpleTest>("testAdd",
&SimpleTest::testAdd));
    suite2->addTest(new CppUnit::TestCaller<SimpleTest>("testSub",
&SimpleTest::testSub));

    //将测试对象 suite2 添加到 suite 中,这样 suite 中有 2 个测试对象,一个是测试包,
    //一个是具体的测试用例
    suite->addTest(suite2);
runner.addTest(suite);

runner.run();
    return FALSE;
}
```

步骤八：编译执行

运行后，就可以在图形界面中进行测试，单击 browse 按钮选择要执行的测试用例，如图 6.17 所示。

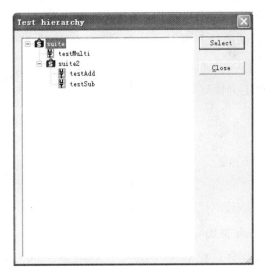

图 6.17 选择测试用例

测试程序中，设置了失败的断言，这样便于观察测试结果，所以选择 suite 执行时，测试的进度条为红色，显示执行了 3 个测试用例，失败了 1 个。双击测试失败信息，会在 VC 中定位到执行失败的断言语句。运行结果如图 6.18 所示。

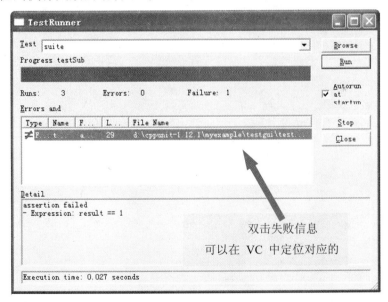

图 6.18 测试结果

本 章 小 结

本章介绍了 C++单元测试的入门知识，通过案例描述了如何使用 CppUnit 进行 C++单元测试工作。并进一步讲述了以下内容。

（1）C++单元测试基本概念，TestCase、TestSuite 是 C++单元测试的基本组织形式。

（2）CppUnit 单元测试遵循面向对象程序设计方法，可以使用多种输出方式输出单元测试结果。

（3）CppUnit 支持自定义断言，可以便捷地根据业务需求完成业务逻辑测试。

习题与思考

1．Fixture 是什么意思？如何使用 Fixture 组织一次单元测试？

2．在组织 CppUnit 单元测试时，需要继承哪一个基类？重写哪一类函数？

3．当编译整个解决方案出错时，有可能是因为编译器版本错误。因此需要修改 MsDevCallerListCtrl.cpp 文件，已知 VC6 为 7.0 版本，VS2005 为 8.0，VS2008 为 9.0，找到相应位置并修改。

第 7 章

Cactus (Java Web 开源测试框架)

(1) 了解 Java Web 单元测试基本概念；
(2) 掌握 Cactus 进行容器内测试的方法；
(3) 掌握 Cactus 针对 JSP、Filter 测试的方法；

学习过 JUnit、CppUnit 等单元测试框架的基本内容和使用方法之后，这些测试工具大多数是可以立即被执行的。从本章开始接触的测试对象则必须依赖于外部环境。在 Web 开发中，应用程序被部署在 Web 容器之中，这使得软件测试变得复杂起来。针对 Web 环境需要特殊的解决方案，Cactus 就是著名的 Web 开源测试框架。本章以 Cactus 为典型案例，讲解 Java Web 测试的一般方法。运行效果如图 7.1 所示。

Unit Test Results

Designed for use with Cactus.

Summary

Tests	Failures	Errors	Success rate	Time
1	0	0	100.00%	0.031

Note: *failures* are anticipated and checked for with assertions while *errors* are unanticipated.

TestCase edu.njit.cs.servlet.TestAll

Name	Status	Type	Time(s)
testIsLogin	Success		0.031

Back to top

图 7.1　案例运行结果

1. Cactus 简介

JUnit 适合用于对 J2SE 普通的对象的测试，但 JAVAEE application(jsp、servlet、EJB

等)运行于服务器端的容器里面，测试时需要一个合法的 HttpServletRequest 对象。

　　Cactus 是 apache 的一个开源测试框架，它是建立在 junit 的基础上的，它的功能比 Junit 强，可以做服务器端的/容器内的测试，特别是 Container 内的测试，是一个自动测试框架。

　　Cactus 的测试分为 3 种不同的测试类别，分别为 JspTestCase、ServletTestCase、FilterTestCase。Cactus 的测试代码有服务器端和客户端两个部分，它们协同工作。

　　Cactus 和 ant 非常好地结合在一起，能非常容易地完成自动化测试，减少了许多工作量。

2. Cactus 生态系统

Cactus 生态系统图如图 7.2 所示。

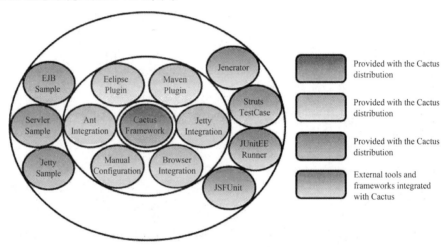

图 7.2　Cactus 生态系统图

3. Cactus 的架构图

Cactus 架构图如图 7.3 所示。

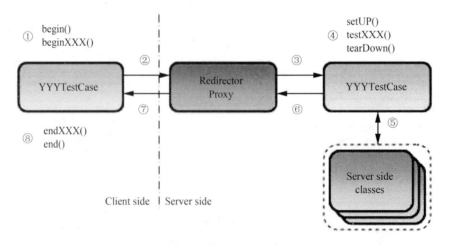

图 7.3　Cactus 架构图

在整个流程中，一般 Client 要传给 Server 的参数会写在 beginXXX() method 里，Server 端会在 testXXX() method 里作测试，Client 则在 endXXX() method 里看测试结果。

编号 1～4 是执行的顺序如下。

(1) 当测试开始时，TestRunner 会产生 TestCase 实例，并调用里面的 runTest 方法(YYY TestCase.runTest() method)，runTest 方法寻找 TestCase 里的 begin()method 及 beginXXX() method，并依次执行。

(2) YYYTestCase.runTest() method 接着开启一个到 RedirectorProxy 的 Http 连线，所有在 beginXXX() method 中设定的 request 参数(Http Headers，Http Parameters，...)将会被设定在 Http Request 中。

(3) Redirector Proxy 再产生一个 TestCase 实例，并依序呼叫 setUP()、testXXX()、tearDown()，这些 method 的用法与 JUnit 的用法相同，需注意的是这时候可以使用由 Redirector Proxy 产生的 HttpServletRequest、ServletConfig、ServletContext…。

(4) Redirector Proxy 收集测试结果，并将测试结果以 Http 传回給 YYYTestCase。YYYTestCase 执行 endXXX()并显示结果，测试完成后，YYYTestCase()会呼叫 end() method。

知识结构

Cactus(Java Web 开源测试框架)知识结构如图 7.4 所示。

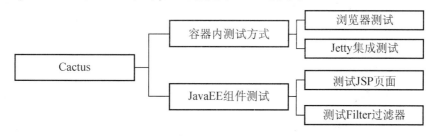

图 7.4　Cactus (Java Web 开源测试框架)知识结构

7.1　使用 Cactus 进行容器内测试

本章重点讨论如何对 JavaEE 组件进行单元测试。

对组件进行单元测试的时候，有一个默认规则：组件必须部署在容器内才有意义，而容器只在运行时才能提供服务。JUnit 只是依靠 JDK 的环境运行，它本身并不具备支持 Web 组件测试的容器特性。

那么，怎样测试一个 Servlet 呢？以常见的 Web 容器为例，当想要知道 Servlet 在操作 HttpSession 的时候，如何得到一个 HttpSession 呢？根据 Web 测试的知识，HttpSession 是由 Tomcat 生成的 Java 对象，当缺乏 Web 容器支持的时候，测试程序是没有办法自动生成 HttpSession 对象的。为了解决这个问题，本节将介绍 Java Web 组件的测试解决方案——Apache 组织的开源 Web 测试项目 Cactus。

Cactus 是一款基于 JUnit3.8 结构的 Java Web 组件测试工具，它可以帮助 Java Web 开发人员完成对 Servlet、JSP、Taglib 等符合 JavaEE 规范的 Java Web 组件的测试。为什么要设计针对 Java Web 组件的测试工具呢？这是和 Web 开发本身的特性有关的。一个 Java Web 应用程序开发完成之后会被部署到一台 Java Web 服务器上。此时，这个应用程序就和这台 Java Web 服务器的环境绑定在一起了。当用户使用浏览器访问这个网站的时候，这台 Java Web 服务器会将用户的请求，封装成 Java 对象，如 HttpRequest、HttpSession 等。显然，这些对象是由 Java Web 服务器封装后，提供给每一个具体的应用程序的。也就是说，每一个 Java Web 应用程序必须依赖这个 Java Web 服务器，应用程序本身需要处理的 HttpRequest、HttpServlet，必须从 Web 服务器上获取得到。因此，对于 Java Web 组件的单元测试也被称为容器内测试。

显然，这种测试远比 JUnit 要来得复杂。下面开始搭建基本测试环境，开始第一个 Cactus 的测试程序。

例 7.1　第一个 Cactus 测试程序

步骤一：打开 MyEclipse，建立一个名为 WebTest 的 Web Project，如图 7.5 所示。

图 7.5　建立 Web 工程

步骤二：在 WebTest 工程中，新建一个名为 HelloCactus 的 Servlet 程序，如图 7.6

所示，所在包为 edu.njit.cs.servlet。这个 Servlet 的主要功能是检查 HttpSession 中是否存在用户信息，如果存在，表示登录成功；否则，登录失败。

图 7.6　建立 HelloCactus

步骤三：在 HelloCactus 中，创建一个 isLogin 方法，完成检查登录的简单业务逻辑，代码如下。

```
public booleanis Login(HttpServletRequest request){
    if (null == request.getSession().getAttribute("user"))
    {
        return false;
    }
    return true;
}
```

isLogin 方法通过判断 session 中有没有 user 的信息，判断用户是否存在。同时，改写 HelloCactus 中 doGet 方法，代码如下。

```
public void doGet(HttpServletRequest request, HttpServletResponse response)
        throws ServletException, IOException {
    if (this.isLogin(request))
    {
        System.out.println("success");
    }
```

```
        else
        {
             System.out.println("fail");
        }
    }
```

对于这个简单的业务逻辑，需要测试的对象就是 isLogin 方法，很显然，如果直接用 JUnit 的话，就没有办法 new 一个 HttpRequest 对象，此时需要 Cactus 的帮助。Cactus 可以从 Apache 的官方网站获取。

步骤四：引入开源项目的方法有很多种，MyEclipse 中有一种方法最简便。直接将开源项目中 lib 目录下面的所有.jar 文件选中，复制、粘贴到当前的 Web Project，如图 7.7 所示。

选中之后，右击 WebTest 项目的 webRoot 文件下的 lib 目录，选择粘贴，就将 Cactus 的 jar 包导入 Webtest 项目了，如图 7.8 所示。

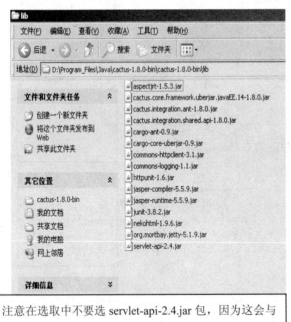

图 7.7　.jar 文件选取　　　　　　图 7.8　引入 Cactus 的 jar 包至 WebTest 工程

步骤五：修改 WEB-INF 目录下的配置文件 web.xml，添加代码如下。

```
......
<servlet>
    <servlet-name>ServletTestRunner</servlet-name>
    <servlet-class>org.apache.cactus.server.runner.ServletTestRunner</servlet-class>
```

```
</servlet>

<servlet-mapping>
<servlet-name>ServletTestRunner</servlet-name>
    <url-pattern>/ServletTestRunner</url-pattern>
</servlet-mapping>

<servlet>
    <servlet-name>ServletRedirector</servlet-name>
    <servlet-class>org.apache.cactus.server.ServletTestRedirector</
servlet-class>
    </servlet>
<servlet-mapping>
    <servlet-name>ServletRedirector</servlet-name>
    <url-pattern>/ServletRedirector</url-pattern>
</servlet-mapping>……
```

步骤六：编写测试代码。在 WebTest 工程下新建一个名为 test 的源码文件夹(这样 test 和 src 是分类存放的，而 test 文件下编译生成的 class 文件和 src 包生成的 class 文件放在同一级的 classpath 下，test 文件夹中的 Java 文件可以直接访问 src 文件夹的 Java 文件)，并且在 test 文件夹中建立 edu.njit.cs.servlet 包，如图 7.9 所示。

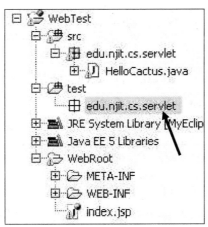

图 7.9　建立测试文件夹

在此包中新建一个 HelloCactusTest 类，代码如下。

```
package edu.njit.cs.servlet;

import org.apache.cactus.ServletTestCase;

public class HelloCactusTest extends ServletTestCase{
```

```
    public void testIsLogin()
    {
        HelloCactushc = new HelloCactus();

        boolean result = hc.isLogin((request);

        assertEquals(false,result);
    }
}
```

为了观察测试的结果，还需要再建立一个测试的套件，在 test 文件夹的默认包下，新建一个 TestAll 类，代码如下。

```
package edu.njit.cs.servlet;

import junit.framework.Test;
import junit.framework.TestSuite;

public class TestAll {
    public static Test suite()
    {
        junit.framework.TestSuite suite = new TestSuite("test all");
        suite.addTestSuite(HelloCactusTest.class);
        return suite;
    }
}
```

步骤七：启动 IE 浏览器，完成第一个 Cacuts 的测试实例。在 IE 浏览器中输入地址 http:// local host:8080/WebTest/ServletTestRunner?suite＝edu.njit.cs.servlet.TestAll，得到的最终结果，如图 7.10 所示。

```
<?xml version="1.0"encoding="UTF-8"?>
-<testsuites>
 -<testsuite name="edu.njit.cs.servlet.Testall"tests="1"failures="o"erros="o"time="0.875">
   <testcase name="testIsLohin"time="0.75"/>
  </testsuite>
</testsuites>
```

图 7.10　生成 XML 形式的测试报告

在实践中，如果读者直接从官网上下载 Cactus1.8 进行测试，可能会遇到图 7.11 所示的异常，造成这个异常的原因在于 Cactus 包中的 jar 文件并不全面，需要补充另一个解编码的 jar 包，这个 jar 包为 commons-codec-1.3，可以在 Apache 的观网上下载。

```
java.lang.NoClassDefFoundError: org/apache/commons/codec/DecoderExceptior
org.apache.commons.httpclient.HttpClient.executeMethod(HttpClient.java:346) at
org.apache.cactus.internal.client.http.HttpClientConnectionHelper.conne
at org.apache.cactus.internal.client.connector.http.DefaultHttpClient.callRunTest(D
org.apache.cactus.internal.client.connector.http.DefaultHttpClient.doTest_aroundE
org.apache.cactus.internal.client.connector.http.HttpProtocolHandler.runWebTest
org.apache.cactus.internal.client.connector.http.HttpProtocolHandler.runTest_arou
org.apache.cactus.internal.client.ClientTestCaseCaller.runTest(ClientTestCaseCall
(AbstractCactusTestCase.java:134) at org.apache.cactus.server.runner.ServletTes
org.apache.cactus.server.runner.ServletTestRunner.doGet_aroundBody1$advice((
javax.servlet.http.HttpServlet.service(HttpServlet.java:717) at org.apache.catalina.
org.apache.catalina.core.StandardWrapperValve.invoke(StandardWrapperValve.
org.apache.catalina.valves.ErrorReportValve.invoke(ErrorReportValve.java:102)
org.apache.coyote.http11.Http11Processor.process(Http11Processor.java:845) a
java.lang.Thread.run(Thread.java:619) Caused by: java.lang.ClassNotFoundExce
org.apache.catalina.loader.WebappClassLoader.loadClass(WebappClassLoader.
```

缺少 jar 包导致的异常

图 7.11　缺少 jar 包的异常

7.1.1　浏览器方式下 Cactus 的测试原理与流程分析

　　Cactus 作为 Java Web 组件的测试工具并不只有一种运行方式，例 7.1 介绍的方式是通过用户的浏览器进行访问的，这种访问方式被称为浏览器方式。本节将详细剖析浏览器方式下，使用 Cactus 进行 Java Web 测试的实验原理和工作流程。

　　首先解压缩 Cactus 的源代码包，在 cactus-1.8.0-src\cactus-1.8.0-src\cactus-site\src\site\resources\misc 中选取 cactus-report.xsl 文件，并将此文件复制至 WebTest 项目的根目录下，如图 7.12 所示。

粘贴至 WebRoot 根目录

图 7.12　引入 xsl 样式文件

　　再改写浏览器的地址栏，在源地址后面加入 &xsl = cactus-report.xsl，改为 http://localhost: 8080/WebTest/ServletTestRunner?suite = edu.njit.cs.servlet.TestAll&xsl = cactus-report.xsl。

刷新浏览器会发现，原先的 XML 格式的结果，转变成了可读性非常好的 HTML 页面，效果如图 7.13 所示。

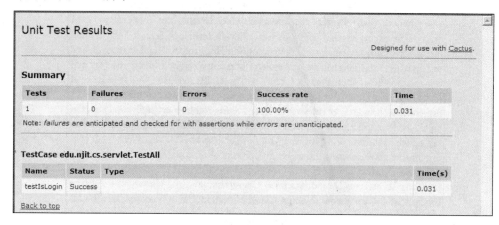

图 7.13　HTML 形式的文件单元测试结果

此运行结构说明 Cactus 运行正常。

接下来，为 WebTest 项目关联源代码，深入剖析这个项目的运行机理。关联的方法如下，选择工程中导入的 cactus.core.framework.uberjar.javaEE.14-1.8.0.jar 包，右击"properties" --> "Java Source Attachement" -->在硬盘中找到 cactus-1.8.0-src.zip 包，如图 7.14 所示。

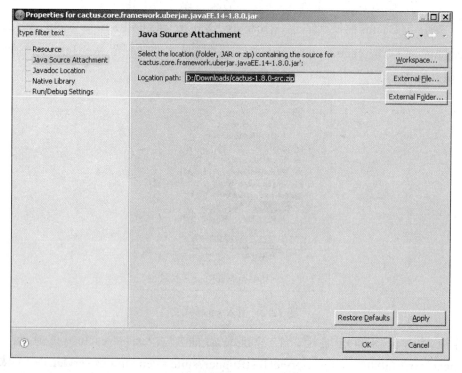

图 7.14　关联 Cactus 源代码

回顾例 7.1，Cactus 的工作方式是浏览器，观察浏览器的地址：

http://localhost:8080/WebTest/ServletTestRunner?suite＝edu.njit.cs.servlet.TestAll&xsl＝
cactus-report.xsl。

根据 JavaEE 的知识，"…WebTest/ServletTestRunner…"，意味着客户端实现了访问
WebTest 项目下的名字为 ServletTestRunner 的 Servlet，同时给这个访问提供了一个名字
为 suite、值为 edu.njit.cs.servlet.TestAll 的参数，以及名字为 xsl 值为 cactus-report.xsl 的
参数。

但是，在测试项目中并没有编码 ServletTestRunner 这个 Servlet，只是在 Web.xml
中配置了这个参数，操作如下。

```xml
<servlet>
    <servlet-name>ServletTestRunner</servlet-name>
    <servlet-class>org.apache.cactus.server.runner.ServletTestRunner</
servlet-class>
</servlet>
```

这就是 cactus 设计的 Servlet。在 org.apache.cactus.server.runner 包下面找到
ServletTest Runner 类，这个类共有 5 个方法，可以在 outline 视图中观察到，如图 7.15
所示。

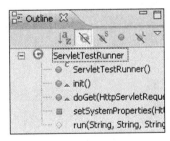

图 7.15　ServletTestRunner 类视图

Servlet 在被部署之后，当客户端请求访问 Servlet 时，Servlet 首先执行自身的 init
方法，接着根据客户端的不同请求分别进入 doGet，doPost 方法。init 方法如下。

```java
......
public void init() throws ServletException
    {
        // Reset the Cactus initialization so that multiple web application can
        // work with different Cactus configurations. Otherwise, as the Cactus
        // initialization is JVM-wide, the config is not read again.
        ConfigurationInitializer.initialize(true);

        // Check whether XSLT transformations should be done server-side and
```

```
        // build the templates if an XSLT processor is available
        String xslStylesheetParam = getInitParameter
        (XSL_STYLESHEET_PARAM);
        if (xslStylesheetParam != null)
        {
InputStreamxslStylesheet =
getServletContext().getResourceAsStream(xslStylesheetParam);
......
```

在 init 方法中，有一个名字为 XSL_STYLESHEET_PARAM 的常量，跟踪这个常量发现，在源代码 83 行，有

```
private static final String XSL_STYLESHEET_PARAM = "xsl-stylesheet";
```

在本节开头，在浏览器地址栏中输入了一个名字为 xsl 的参数，根据 XML 的知识，名为 xsl 的文件对于 XML 文件来说有格式化输出的作用。这个 xsl 文件的地位有一点类似于 css 对 html 的味道。粗略地看，这个 init 方法就是复写了 Servlet 的 init 方法，对 ServletTestRunner 进行初始化。

当在地址栏录入上述地址时，实际上以 GET 方式访问 ServletTestRunner，进入 doGet 方法。

```
......
public void doGet(HttpServletRequesttheRequest,
HttpServletResponsetheResponse) throws ServletException,
IOException
    {
        // Verify if a suite parameter exists
        String suiteClassName = theRequest.getParameter(HTTP_SUITE_PARAM);

        // Set up default Cactus System properties so that there is no need
        // to have a cactus.properties file in WEB-INF/classes
        setSystemProperties(theRequest);
......
```

doGet 方法在访问一个名为 HTTP_SUITE_PARAM 的参数，这个参数在代码的 63 行有定义：

```
private static final String HTTP_SUITE_PARAM = "suite";
```

这个 suite 实际上就是地址栏中 suite＝edu.njit.cs.servlet.TestAll 的 suite，说明此时 Servlet 已经根据地址栏中的信息抓取到需要测试的对象了。

```
......
        // Get the enconding parameter, if any
```

```
          String encoding = theRequest.getParameter(ENCODING_PARAM);

// Run the tests
          String xml = run(suiteClassName, xslParam, encoding);
......
```

在 doGet 方法中，run 方法开始执行 Java Web 组件测试功能。跟入 run 方法，同时记住 suiteClassName 就是需要测试的类，如例 7.1 中的 edu.njit.cs.servlet.TestAll。测试代码如下。

```
......
/** Run the suite tests and return the result.
*/
    protected String run(String theSuiteClassName, String theXslFileName,
        String theEncoding) throws ServletException
    {
TestResult result = new TestResult();
XMLFormatter formatter = new XMLFormatter();
formatter.setXslFileName(theXslFileName);
formatter.setSuiteClassName(theSuiteClassName);
        if (theEncoding != null)
        {
formatter.setEncoding(theEncoding);
        }

result.addListener(formatter);
        long startTime = System.currentTimeMillis();
WebappTestRunnertestRunner = new WebappTestRunner();
        Test suite = testRunner.getTest(theSuiteClassName);
        if (suite == null)
        {
            throw new ServletException("Failed to load test suite ["
                + theSuiteClassName+"],Reason is ["
                + testRunner.getErrorMessage()+"]");
        }
        // Run the tests
suite.run(result);
        long endTime = System.currentTimeMillis();
formatter.setTotalDuration(endTime - startTime);
        return formatter.toXML(result);
    }
......
```

Cactus 是基于 JUnit3.8 框架而设计的 JavaEE 组件测试框架。

```
TestResult result = new TestResult();
```

此语句的作用就是生成一个搜集本次测试结果的 result 对象。

```
XMLFormatter formatter = new XMLFormatter();
```

此语句是为了生成一个 XML 对象。

例 7.1 得到的测试结果是一个 XML 格式的文件，这个文件就是通过 XMLFormatter 对象生成的。result.addListener(formatter)语句将 formater 关联到 result，result 生成之后，更新 formatter 对象，最后使用 formatter 对象的 toXml 方法(在本方法最后)，生成测试结果。

在加入了监听对象之后，

```
long startTime = System.currentTimeMillis();          //记录本次测试的开始时间
long endTime = System.currentTimeMillis();            //记录本次测试结束的时间
formatter.setTotalDuration(endTime - startTime);      //计算本次测试的总体耗时
```

这就是测试运行时间得到的方式。

在这段代码中，WebappTestRunnertestRunner = new WebappTestRunner();Webapp TestRunner 是一个新对象，它位于这个包下，名字为 org.apache.cactus.internal.server.runner。

```
testRunner.getTest(theSuiteClassName);
```

调用 getTest 方法，将需要访问的类名传入，使用反射机制生成需要测试的对象，调用其中的测试方法，看是否和断言一致。代码如下。

```
......
public Test getTest(String suiteClassName) {
        if (suiteClassName.length() <= 0) {
            clearStatus();
            return null;
        }
        Class testClass= null;
        try {
            testClass= loadSuiteClass(suiteClassName);
        } catch (ClassNotFoundException e) {
            String clazz= e.getMessage();
            if (clazz == null)
                clazz= suiteClassName;
            runFailed("Class not found \""+clazz+"\"");
            return null;
        } catch(Exception e) {
            runFailed("Error: "+e.toString());
```

```
        return null;
    }
    Method suiteMethod= null;
    try {
        suiteMethod= testClass.getMethod(SUITE_METHODNAME, new Class[0]);
    } catch(Exception e) {
    ......
    testClass=loadSuiteClass(suiteClassName); //使用反射方法生成 suiteClassName
```

所谓反射，就是根据一个字符串，在 JVM 中把它作为类的名字，生成一个具体的对象。调用的过程中 suiteClassName 是地址栏中敲入的 edu.njit.cs.TestAll。当 TesTAll 对象被 JVM 生成后，调用 getMethod 方法，其中的一个参数是 SUITE_METHODNAME，

```
public static final String SUITE_METHODNAME= "suite";
```

在代码中这个测试方法是 suite，这就回答了为什么在 TestAll 方法中要设计名为 suite 的方法——这是真正运行测试的地方。

```
public static Test suite()
    {
        suite = new TestSuite("test all"); //在 edu.cs.njit.TestAll 类中
```

总结一下，浏览器模式的 Cactus 的工作流程是这样的。浏览器访问 ServletTestRunner，并将需要测试的类名传入，在服务器端，ServletTestRunner 调用 run 方法，将这个字符串传递给 WebAppTestRunner 对象，然后 WebAppTestRunner 对象通过反射技术生成 TestALL 的一个实例，并且执行该实例的 suite 方法，返回测试结果给 ServletTestRunner，ServeltTestRunner 将这个结果以 XML 的形式返回给浏览器，获得最终的结果。其流程如图 7.16 所示。

通过上述流程可知，Java Web 组件的测试必须依赖服务器环境。

通过浏览器方式测试 Java Web 组件，只是将需要测试的类的全名以字符串的形式传递给服务器。服务器在 Web 容器的环境中，Web 容器根据请求在服务器端进行业务逻辑运算，完成之后，将结果返回给客户端。

这是一个交互的流程，步骤较多，不太适合较复杂规模的 Web 测试。因为不太可能在浏览器中一次性传入较多信息，一来 Get 有长度限制，二来在地址栏中敲入太多字符也非常烦琐。在实际测试中，这个方法并不常见。但是了解这个流程并非没有意义。这强化了开发人员对于 Web 开发的认识：所有的运算都是在服务器端完成的，客户端仅仅有发送命令信息、接受信息的功能。测试 Web 组件的时候，必须依赖 Web 环境。如果可以提供一个简易的 Web 的环境，就可以起到简化的作用。

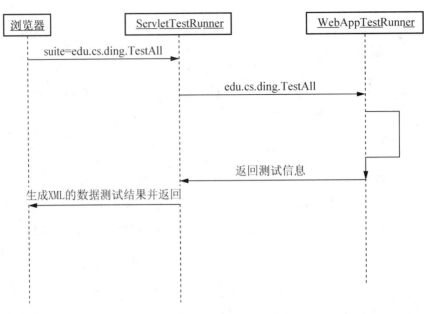

图 7.16 浏览器模式的时序

7.1.2 Jetty 集成方式下的 Cactus 的测试原理与流程分析

在 Java Web 开发中，Java Web 组件是运行在服务器的 JVM 之上的，因此，必须提供服务器容器环境才能得到 Java Web 组件运行的结果。当需要测试这些 Web 组件的时候，通过将应用具体部署到服务器上，然后通过浏览器去访问这台特定的服务器，这样才能得到测试结果。由上一节的学习可知，这样的方式非常烦琐，出于测试时间成本的考虑，浏览器方式并不是非常经济有效。很有可能，针对一个简单的业务逻辑，搭建浏览器测试环境的时间花费非常高，不利于提高开发效率。那么，有没有一种类似于 JUnit 的机制，来帮助实现 "Keep the bar Green to Keep the code clean" 的目标呢？

要实现这样的目标，关键在于必须有一个可以运行 Java Web 组件的服务器 JVM。对于 Cactus 来说，这个环境就是 Jetty5.1。

Jetty 是一个开源的 Servlet 容器，它为基于 Java 的 Web 内容，例如，JSP 和 Servlet 提供运行环境。开发人员可以将 Jetty 容器实例化成一个对象，快捷地为一些独立运行 (stand-alone)的 Java 应用提供网络和 Web 连接。它的官方下载地址是 http://dist.codehaus.org/jetty/。本章例 7.2 使用的是 Jetty5.1，得到 jetty-5.1.11.zip 包之后，直接解压缩即可。

解压缩之后，需要在 MyEclipse 中对 Jetty 做以下配置，如图 7.17 所示。

配置完成之后，必须为 Jetty 配置相应的 JDK，否则 Jetty 很有可能无法正常工作，JDK 配置如图 7.18 所示。

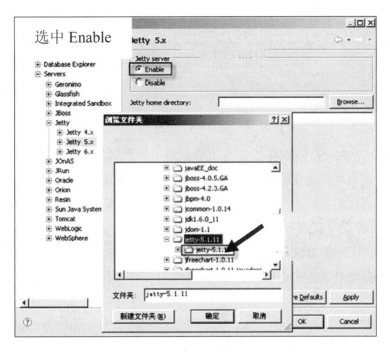

图 7.17　jetty 配置

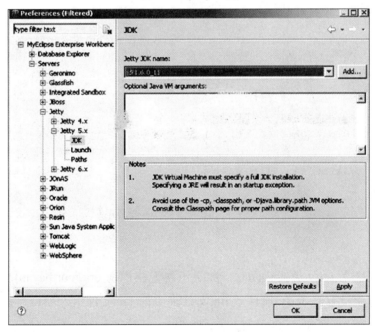

图 7.18　JDK 配置

完成了基础配置之后，启动 Jetty。如果出现如下界面，说明 Jetty 已经配置成功并正常启动。在 8080 端口监听 Web 服务请求，如图 7.19 所示。

```
main] org.mortbay.util.Container.start(Container.java:74) >11> Started WebApplicationContext[/javadoc,/javadoc]
main] org.mortbay.http.SocketListener.start(SocketListener.java:205) >11> Started SocketListener on 0.0.0.0:8080
.apache.jasper.servlet.JspServlet  - Scratch dir for the JSP engine is: D:\Program_Files\Java\jetty-5.1.11\jetty-5.1.11\work\Jetty
.apache.jasper.servlet.JspServlet  - IMPORTANT: Do not modify the generated servlets
main] org.mortbay.http.ajp.AJP13Listener.start(AJP13Listener.java:139) >11> Started AJP13Listener on 0.0.0.0:8009
main] org.mortbay.http.ajp.AJP13Listener.start(AJP13Listener.java:140) >11> NOTICE: AJP13 is not a secure protocol. Please protect
main] org.mortbay.util.Container.start(Container.java:74) >09> Started org.mortbay.jetty.Server@1642bd6
```

图 7.19　Jetty 配置成功

初看上去，Jetty 与 Tomcat 没有太大的差别，如果仅仅把 Jetty 作为一个 Java Web 容器来使用，那么就失去了 Jetty 服务器的根本优势。Jetty 的根本优势在于可以通过程序代码的方式进行启动。为什么这样说呢？此处留给读者先思考一下，答案稍后揭晓。首先介绍 Jetty 的程序启动方法。

例 7.2　使用 Jetty 方式进行 Cactus 测试

在 WebTest 项目下，在 7.1 节建立的 test 文件夹下单击右键，新建一个 Jetty 类，键入如下代码。

```
package edu.njit.cs.servlet;
import org.mortbay.http.SocketListener;
import org.mortbay.jetty.Server;
public class Jetty {
    public static void main(String args[]) throws Exception
    {
        Server server = new Server();
        SocketListener list = new SocketListener();
        list.setPort(3929);
        server.addListener(list);
        server.addWebApplication("/test",
        "D:\\Program_Files\\Java\\jetty-5.1.11\\jetty-5.1.11\\webapps\\template");
        server.start();
    }
}
```

注意：在建立 Jetty 类的代码时，如果出现无法识别 org.mortbay.http.SocketListener 类，原因为可能没有将 Jetty 项目下 lib 文件夹中的 jar 文件引入项目，按照 7.1 节介绍的方法，读者只需要将 lib 下的所有 jar 文件选中，粘贴进入 WebTest 项目的 WEB-INF/lib 文件夹就可以解决这个问题。

观察以上代码 Server server＝new Server();是新建一个服务器的实例，应用程序将使用这个 Server 对象实例作为 Web 服务器。SocketListener 是端口监听对象，当 Web 服务器启动后，这个服务器将在某一个指定的端口号上，不断监听是否有来自客户端的请求。

用 SocketListener list＝new SocketListener();建立监听对象，使用 list.setPort(3929);为监听对象指定具体的端口号。使用 server.addListener(list);将监听的端口和 Server 对象绑定。server.addWebApplication("/test","D:\\Program_Files\\Java\\jetty-5.1.11\\jetty-5.1.11\\webapps\\template");是为 Web 服务器指定一个 Web 应用。第一个参数"/test"，说明 Web 服务相对名字，而第二个参数则是具体的应用的物理地址。这里使用 Jetty 自带的一个 Web 项目。

这样就可以像使用桌面应用程序一样，启动这个 web 应用程序了。如果配置无误，其结果应该如图 7.20 所示。

```
2011-2-1 19:30:07 org.mortbay.util.FileResource <clinit>
信息: Checking Resource aliases
2011-2-1 19:30:08 org.mortbay.util.Container start
信息: Started org.mortbay.jetty.servlet.WebApplicationHandler@ef5502
2011-2-1 19:30:08 org.mortbay.util.Container start
信息: Started WebApplicationContext[/test,Template WebApp]
2011-2-1 19:30:08 org.mortbay.http.SocketListener start
信息: Started SocketListener on 0.0.0.0:3929
2011-2-1 19:30:08 org.mortbay.util.Container start
信息: Started org.mortbay.jetty.Server@a59698
```

图 7.20　使用程序启动 Jetty

现在来回答前面提出的问题，为什么使用程序启动 Jetty 服务器可以使程序开发变得高效快捷呢？原因其实很简单，当 Java Web 开发进行时，修改 web.xml 等配置文件之后，一定要重新启动 Web 服务器，以使得修改生效。当有了 Jetty 之后，则可以根据实际编码情况，启动 Web 服务器，这给 Web 开发带来了比较高的灵活性。正是因为 Jetty 对于服务器的运行可以自由定制，才使得 Cacuts 可以很便利地实施。也就是说，测试 Web 组件需要一个服务器端的 JVM，而这个 JVM 只有 Java Web 服务器可以提供。如果可以定制这个服务器的启动、运行和关闭，也就是定制服务器端的 JVM 的运行情况，就可以根据自己编码、测试的需要，灵活地进行编码的工作。

了解了 Jetty 的优点，接下来综合使用 Jetty 和 Cactus。在 test 文件下新建一个 TestJetty 类，代码如下。

```
package edu.njit.cs.servlet;
import junit.framework.Test;
import junit.framework.TestSuite;
import org.apache.cactus.extension.jetty.Jetty5xTestSetup;

public class TestJetty {
    public static Test suite()
    {
        System.setProperty("cactus.contextURL","http://localhost:3929/
```

```
        WebTest");
        TestSuite suite = new TestSuite("Test All");
        suite.addTestSuite(HelloCactusTest.class);
        return new Jetty5xTestSetup(suite);
    }}
```

代码解释：System.setProperty("cactus.contextURL","http://localhost:3929/WebTest");向 JVM 中注册一个键值对，名字为 cactus.contextURL，内容为后面的 URL 地址。应用程序启动之后，Cactus 会把 URL 字串的内容作为 Web 服务的地址。

TestSuite suite＝new TestSuite("Test All");建立一个测试套件。使用 suite.addTestSuite(HelloCactusTest.class);把编写的 Servelt 测试绑定到这个测试套件上。

return new Jetty5xTestSetup(suite);把这个套件放入 Jetty 中运行，并将运行的结果返回给 JUnit。对于这段测试代码，可以直接使用 run as JUnit 启动，如图 7.21 所示。

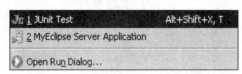

图 7.21　启动 JUnit 本地化测试 Servlet

测试的结果如图 7.22 所示。

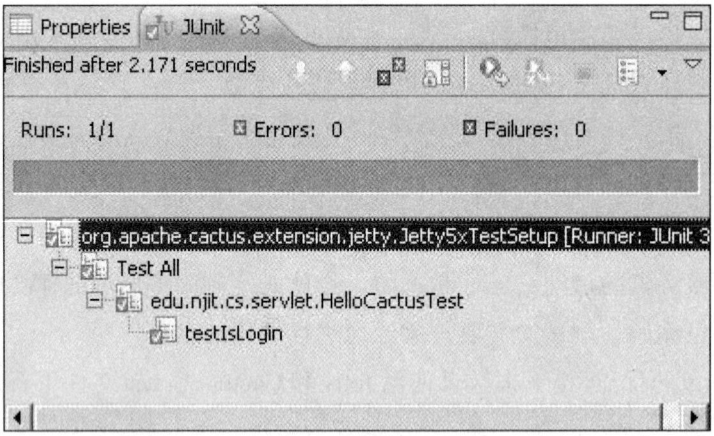

图 7.22　测试的结果

可以看出，滤过服务器的启动环节，仍旧可以得到测试结果。当然，Servelt 的运行仍然需要 Java Web 服务器，只不过 Cactus 完成如下的工作：建立 TestSuite 之后，把这些内容传入 Jetty5xTestSetup 对象，Cactus 自动开启一个 Jetty 服务环境并运行测试，最后返回一个 Test 对象给 JUnit 程序。Jetty 的 Java Web 服务的运行过程就好像"嵌入"应用程序之中，这就是嵌入式 Web 服务器的概念，体现了 Jetty 的灵活高效性。

7.2　使用 Cactus 进行 JavaEE 测试

为了巩固 Cactus 的知识和提高应用技能，下面将以 Java Web 的两个核心组件为例，讲解 Cactus，以达到融会贯通的目的。

7.2.1　使用 Cactus 测试 Filter

由于 MyEclispse 没有 Filter 模板，就直接通过新建 Java 类的方式来建立 Filter，然后在向导中覆盖 Filter 的相关方法。

为了区别 Servlet 的代码，在 WebTest 工程中的 src 文件下新建一个包，名字为 edu.njit.cs. filter，如图 7.23 所示。

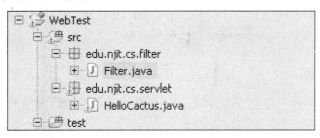

图 7.23　新建过滤器 Filter.java

代码的逻辑很简单，过滤客户端的 IP 地址，只允许部分地址访问服务，内容如下。

```
package edu.njit.cs.filter;

import java.io.IOException;
import javax.servlet.FilterChain;
import javax.servlet.FilterConfig;
import javax.servlet.ServletException;
import javax.servlet.ServletRequest;
import javax.servlet.ServletResponse;
import javax.servlet.http.HttpServletRequest;
import javax.servlet.http.HttpServletResponse;

public class Filter implements javax.servlet.Filter {
    public void destroy() {
        // TODO Auto-generated method stub
    }
    public void doFilter(ServletRequest arg0, ServletResponse arg1,
```

```
        FilterChain arg2) throws IOException, ServletException {
    // TODO Auto-generated method stub
    HttpServletRequest request = (HttpServletRequest) arg0;
    HttpServletResponse response = (HttpServletResponse) arg1;
    if (request.getRemoteAddr().equals("10.10.10.100"))
    {
        response.getWriter().print("Access Denied");
    }
    else
    {
        arg2.doFilter(arg0, arg1);
    }

    }
    public void init(FilterConfig arg0) throws ServletException {
    // TODO Auto-generated method stub
    }
}
```

为了使 Filter 生效，还必须在 Web.xml 文件中进行配置，配置代码如下。

```
......
<filter>
    <filter-name>Filter</filter-name>
    <filter-class>edu.njit.cs.filter.Filter</filter-class>
</filter>

<filter-mapping>
    <filter-name>Filter</filter-name>
    <url-pattern>/</url-pattern>
</filter-mapping>
......
```

为了简便，让这个过滤器对所有的请求都进行过滤。

在 test 文件下，新建一个 FitlerTest 类，继承 FilterTestCase，这个类的包名是 edu.njit. cs.filter，如图 7.24 所示。

在 Java Web 开发中，当一个客户端请求被发送后，会进入 Filter 链，如图 7.25 所示，假定需要测试的是 FilterA，不需要关心 HttpRequest 完成 FilterA 的过滤工作之后的流程，则必须要在 FilterA 结束过滤之后截断测试。

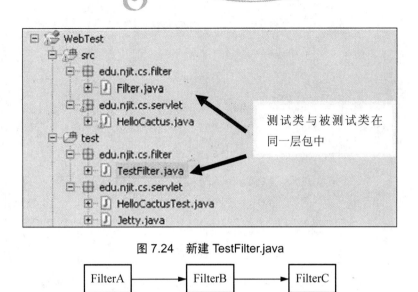

图 7.24　新建 TestFilter.java

图 7.25　Filter 图

例 7.3　使用浏览器方式进行 Filter 测试

测试代码如下。

```java
package edu.njit.cs.filter;
import java.io.IOException;
import javax.servlet.FilterChain;
import javax.servlet.ServletException;
import javax.servlet.ServletRequest;
import javax.servlet.ServletResponse;
import org.apache.cactus.FilterTestCase;
import org.apache.cactus.WebResponse;

public class TestFilter extends FilterTestCase{
    private FilterChainfchain; //新建一个过滤器链

    @Override
    public void setUp()
    {
        fchain = new FilterChain(){

            public void doFilter(ServletRequest request,
                    ServletResponse response) throws IOException,
                    ServletException {
                // TODO Auto-generated method stub
                response.getWriter().print("Access is permitted");
            }};
        ;
```

```
    }
    public void testDoFilter() throws IOException, ServletException
    {

        Filter f = new Filter();
        f.doFilter(request, response, fchain);  //用 fchain 替换原来的过滤器链
    }

    public void endDoFilter(WebResponse response)
    {
        assertTrue("Access is permitted".equals(response.getText()));
    }
}
```

在测试中,新建一个过滤器链 fchain,当过滤器不需要拦截请求、将本次请求向下一个过滤器转发时,用 fchain 代替原来的过滤器链。这个过滤器链将向客户端返回一条信息"Access is permitted"。这样就可以通过断言是否是"Access is permitted"来证实请求是否被待测试的过滤器放行。

这个实验,使用浏览器方式,配置 Tomcat 服务器的 web.xml,以使得 Cactus 可以正常工作,在 web.xml 中修改如下。

```
......
<filter>
    <filter-name>FilterRedirector</filter-name>
    <filter-class>org.apache.cactus.server.FilterTestRedirector</filter-
    class>
</filter>

<filter-mapping>
    <filter-name>FilterRedirector</filter-name>
    <url-pattern>/FilterRedirector</url-pattern>
</filter-mapping>
......
```

再修改 HelloCactus 测试中测试对象的名字,代码如下。

```
......
suite.addTestSuite(TestFilter.class);
......
```

在地址栏中输入如下地址。

http://localhost:8080/WebTest/ServletTestRunner?suite＝edu.njit.cs.servlet.TestAll&xsl＝cactus-report.xsl

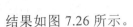

结果如图 7.26 所示。

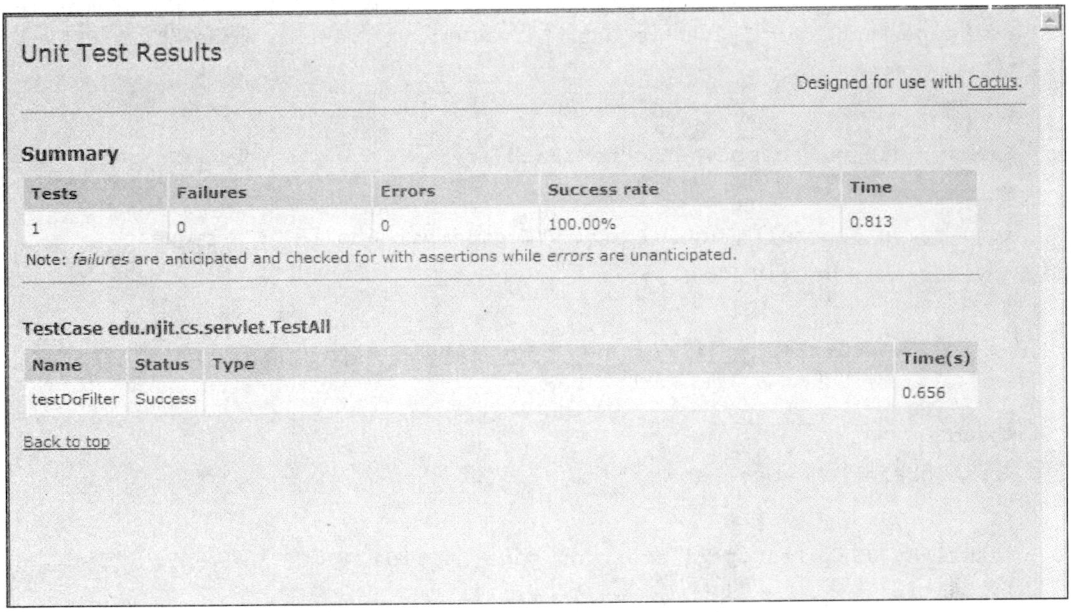

Unit Test Results
Designed for use with Cactus.
Summary
Tests
Failures
Errors
Success rate
Time
1
0
0
100.00%
0.813
Note: failures are anticipated and checked for with assertions while errors are unanticipated.
TestCase edu.njit.cs.servlet.TestAll
Name
Status
Type
Time(s)
testDoFilter
Success
0.656
Back to top

图 7.26 Filter 图

7.2.2 使用 Cactus 测试 JSP

JSP 是 Java Web 组件中一个重要的部件，基于 MVC 的模式，JSP 主要被用作充当视图角色。因此，业务逻辑不应当放入 JSP 页面中，那么 JSP 的测试应当怎样进行呢？

JSP 实际上是动态地填充 Web 页面，因此，对于 JSP 的测试应当侧重于 JSP 的内容。换句话说，应当测试 JSP 返回给客户端的 HTML 内容是否正确。基于这样的思路，设计待测试的页面 Test.jsp。

例 7.4 JSP 页面的测试

在 WebRoot 文件夹下新建 Test.jsp 页面，如图 7.27 所示，代码如下。

WebTest
src
test
JRE System Library [jdk1.6.0_11]
Java EE 5 Libraries
Referenced Libraries
WebRoot
META-INF
WEB-INF
cactus-report.xsl
index.jsp
Test.jsp

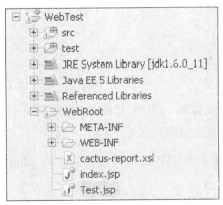

图 7.27 新建 Test.jsp 页面

视图内容就是显示一行字串：HelloTester。

```
<%@ page language="java" import="java.util.*" pageEncoding="ISO-8859-1"
%>
<%
String path = request.getContextPath();
String basePath =
request.getScheme()+"://"+request.getServerName()+":"+request.
getServerPort()+path+"/";%>

<!DOCTYPE HTML PUBLIC "-//W//DTD HTML 4.01 Transitional//EN">
<html>
<head>
<base href="<%=basePath%>">

<title>My JSP 'Test.jsp' starting page</title>

    <meta http-equiv="pragma" content="no-cache">
    <meta http-equiv="cache-control" content="no-cache">
    <meta http-equiv="expires" content="0">
    <meta http-equiv="keywords" content="keyword1,keyword2,keyword3">
    <meta http-equiv="description" content="This is my page">
    <!--
    <link rel="stylesheet" type="text/css" href="styles.css">
    -->

</head>

<body>
    Hello Tester <br>
</body>
</html>
```

与 Servlet、Filter 的测试类似，进行 JSP 测试必须依赖 Cactus 提供的 JSP 测试类。基于 Servlet、Filter 的测试经验，查阅 Cactus 的帮助文档，可以得知这个套件名为 JspTestCase。

在 test 文件夹下，新建一个 JSP 的测试包，包名为 edu.njit.cs.jsp，在此包下新建一个 JspTest 测试类，如图 7.28 所示。

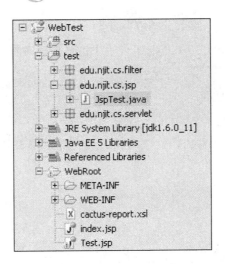

图 7.28　新建 JspTest 类

JspTest 的测试代码如下。

```
package edu.njit.cs.jsp;

import org.apache.cactus.JspTestCase;
import org.apache.cactus.WebResponse;

public class JspTest extends JspTestCase{
    public void testTest() throws Exception
    {
        pageContext.forward("/Test.jsp");
    }
    //end 方法表明是完成服务器端计算后向客户端发送时进行的动作
    public void endTest(WebResponse response)
    {
        assertTrue(response.getText().indexOf("Hello Teste")>0);
    }
}
```

代码解读：对于有 testTest 的方法，根据 JUnit3.8 的架构知识，JUnit 会寻找形如 testXXX 的方法，自动构建并执行。大写的 Test 表明在对 Test.jsp 进行测试。执行语句 pageContext. forward ("/Test.jsp");表明 testTest 方法要求 Cactus 完成服务器端跳转，将页面导航到 Test. jsp 上。

在测试思路中，希望验证 JSP 向客户端发送的内容，那么如何知道 JSP 向客户端发送 HTML 的内容呢？

这里需要介绍 Cactus 测试的一个小技巧，在 Cactus 中测试用例的方法名前缀为 end(即形如 endXXX 的方法)，其执行过程被安排在服务器向客户端发送内容之前。因此，上述代码的 endTest 方法中，断言 Hello Test 的字串应当存在。

同样，修改 TestAll.java 文件，添加关于 Jsp 的测试内容，增加代码如下。

```
……
suite.addTestSuite(JspTest.class);
……
```

最后，执行浏览器测试方式，修改 web.xml 文件，将 JSP 测试监听加入其中，增加内容如下。

```
……
<servlet>
        <servlet-name>JspRedirector</servlet-name>
        <jsp-file>/jspRedirector.jsp</jsp-file>
</servlet>

<servlet-mapping>
        <servlet-name>JspRedirector</servlet-name>
        <url-pattern>/JspRedirector</url-pattern>
</servlet-mapping>
……
```

在浏览器地址栏中输入如下内容。

http://localhost:8080/WebTest/ServletTestRunner?suite＝edu.njit.cs.servlet.TestAll&xsl＝cactus-report.xsl

结果如图 7.29 所示。

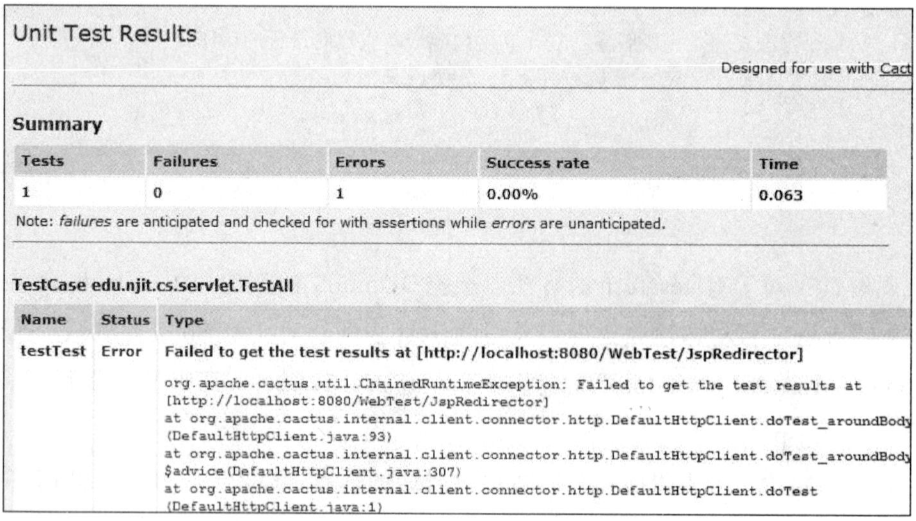

Unit Test Results

Designed for use with Cact

Summary

Tests	Failures	Errors	Success rate	Time
1	0	1	0.00%	0.063

Note: *failures* are anticipated and checked for with assertions while *errors* are unanticipated.

TestCase edu.njit.cs.servlet.TestAll

Name	Status	Type
testTest	Error	Failed to get the test results at [http://localhost:8080/WebTest/JspRedirector] org.apache.cactus.util.ChainedRuntimeException: Failed to get the test results at [http://localhost:8080/WebTest/JspRedirector] at org.apache.cactus.internal.client.connector.http.DefaultHttpClient.doTest_aroundBody (DefaultHttpClient.java:93) at org.apache.cactus.internal.client.connector.http.DefaultHttpClient.doTest_aroundBody $advice(DefaultHttpClient.java:307) at org.apache.cactus.internal.client.connector.http.DefaultHttpClient.doTest (DefaultHttpClient.java:1

图 7.29　JspTest 测试错误

仔细阅读异常可以发现，在报错的底部附近有这样的异常信息：org.apache.cactus.internal.client.ParsingException: Not a valid response [404 Not Found]，请求路径上没有需要访问的资源，查阅帮助文档，可以发现 jspRedirector.jsp 并没有被添加，到 Cactus 的下载包中\cactus-1.8.0-bin\cactus-1.8.0-bin\web 发现这个文件，复制入 WebRoot 文件夹，如图 7.30 所示。

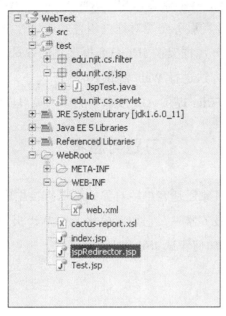

图 7.30　加入 jspRedirector 文件

这样问题可以正常解决，得到结果如图 7.31 所示。

Unit Test Results

Designed for use with Cactus.

Summary

Tests	Failures	Errors	Success rate	Time
1	0	0	100.00%	2.328

Note: *failures* are anticipated and checked for with assertions while *errors* are unanticipated.

TestCase edu.njit.cs.servlet.TestAll

Name	Status	Type	Time(s)
testTest	Success		2.203

Back to top

图 7.31　JSP 测试成功

本 章 小 结

本章介绍了 Java Web 测试的入门知识，通过案例描述了使用 Cactus 组件进行 Java Web 测试的基本方法，并进一步讲述了以下内容：

(1) Java Web 单元测试的基本概念，JSP、Servlet 都是 JavaEE 规范下 Java Web 应用程序的组件，测试人员需要在服务器端对这些组件功能进行测试。

(2) Cactus 是 Apache 开源框架在 JUnit3.8 框架下的 Web 容器测试解决方案，可以使用 Http 和容器测试两种方法进行 Web 测试。

(3) Cactus 针对 JSP、Filter 提供 API 接口，测试人员可以结合 Jetty 进行单元测试。

习题与思考

1．Request 是服务器对象还是客户端对象？可以直接生成 Request 对象吗？

2．Jetty 是 Java Web 服务器吗？它如何简化 Java Web 开发？

3．Cactus 是什么？它如何测试 JSP 和 Filter？

第 8 章

JUnitPerf(Java 性能测试框架)

教学目标

(1) 了解 Apache POI 操作 Excel 的一般方法；

(2) 掌握 Java Currency 的基本概念，了解 JUnitPerf 的工作原理；

(3) 掌握 JUnitPdfReport 生成性能测试报告的方法。

案例介绍

在应用程序的开发中，验证应用程序的性能几乎总处于次要的地位。注意，这里强调的是验证应用程序的性能。应用程序的性能总是首要考虑的因素，但开发周期中却很少包含对性能的验证。

由于种种原因，性能测试常被延迟到开发周期的后期。企业之所以在开发过程中不包含性能测试，是因为他们不知道对于正在进行开发的应用程序要期待什么。提出了一些(性能)指数，但这些指数是基于预期负载提出的。

发生下列两种情况之一时，性能测试就成为头等大事。

(1) 生产中出现显而易见的性能问题。

(2) 在同意付费之前，客户或潜在客户询问有关性能指数的问题。

在软件开发的早期阶段，使用 JUnit 很容易确定基本的低端性能指数。JUnitPerf 框架能够将测试快速地转化为简单的负载测试，甚至压力测试。

JUnitPerf 是一个用来度量代码的性能和执行效率的性能测试工具。本章将基于 JUnitPerf，介绍性能测试的基本原理。

性能测试不同于单元测试，性能测试的结果通常需要以测试报告文件的文档形式提供。为了配合 JUnitPerf 的工作，本章将结合 Apache POI 组件运行以 JUnitPerf 生成 Pdf 文档的案例讲解 Java 性能测试方法，效果如图 8.1 所示。

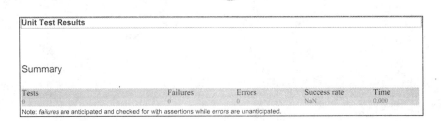

图 8.1　案例运行结果

已知 JUnitPerf 有以下缺陷。

(1) TimedTest 返回的时间是测试用例的 testXXX()方法的时间，包括 setUp()、testXXX()和 tearDown()这 3 个方法的总时间，这是任何测试实例中所能提供的最小的测试粒度。因此期望的时间也应该考虑 set-up 和 tear-down 的运行时间(或者可以自己在 JUnit 测试用例中使用 System.currentTimeMillis()方法来计算某个步骤的执行时间)。

(2) JUnitPerf 并不是一个完整的压力和性能测试工具，并且它也不会用来取代其他类似的工具。它仅仅用来编写本地的单元性能测试来帮助开发人员做好重构。

(3) 在压力测试中如果有太多的用户并发运行，则测试情况会越来越糟。应该参照 JVM 的规范来指定用户数等。

用 JUnitPerf 进行性能测试无疑是一门严格的科学，但在开发生命周期的早期，这是确定和监控应用程序代码的低端性能的极佳方式。另外，由于它是一个基于装饰器的 JUnit 扩展框架，所以可以很容易地用 JUnitPerf 装饰现有的 JUnit 测试。

用 JUnitPerf 进行性能测试可以节省时间，同时也确保了应用程序代码的质量。

知识结构

JUnitPerf(Java 性能测试框架)知识结构如图 8.2 所示。

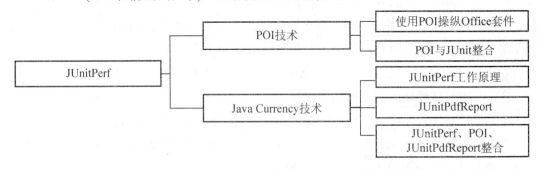

图 8.2　JUnitPerf(Java 性能测试框架)知识结构

8.1　Apache POI 技术与 JUnitPerf

在信息系统设计中，常常需要处理微软的 Word、Excel 等办公软件。而 Apache 的

POI 库，就是针对微软办公套件而开发的一套开源软件类库。本节将介绍如何使用 Apache POI 类库。

8.1.1　POI 起步

Jakarta POI 是 Apache 的子项目，目的是处理 ole2 对象。它提供了一组操纵 Windows 文档的 Java API。

目前比较成熟的是 HSSF 接口，处理 MS Excel(97-2003)对象。它所针对的不是 CSV 格式的文件，而是真正的 Excel 对象，通过 POI，应用程序可以控制一些属性(sheet、cell)等。

POI 最常见的对象见表 8-1。

表 8-1　POI 常见对象

POI 对象	对应的 Excel 目标
HSSFWorkbook	excell 文档
HSSFSheet	excell 工作表
HSSFRow	excell 行
HSSFCell	excell 单元格
HSSFFont	excell 字体
HSSFDataFormat	日期格式
HSSFName	名称
HSSFCellStyle	cell 样式
HSSFDateUtil	日期
HSSFPrintSetup	打印
HSSFErrorConstants	错误信息表

为了熟悉 Apache POI 的使用，进入第一个示例。

例 8.1　POI 入门示例

提示：POI 的应用文件可以在 http://archive.apache.org/dist/poi/release/bin/中下载，本例使用的是 POI3.5 版本，截止本书成稿为止，其稳定版本已经为 3.7。

新建一个名为 JUnitPerf 的 Java 项目，加入 POI。链接外部 jar 文件，右击 POI 工程，选择 properties，选择 Java Build Path 选项，如图 8.3 所示。

单击 Add External JARs 按钮，定位至 POI jar 包所在目录，完成了 POI jar 包应用的添加，结果如图 8.4 所示。

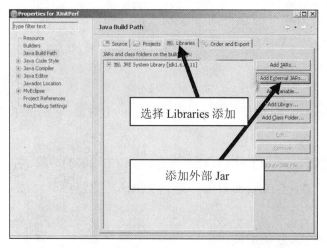

图 8.3　POI jar 包加入 JUnitPerf 项目的类路径

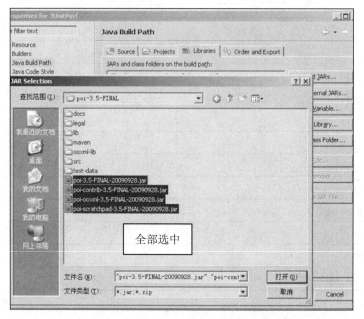

图 8.4　POI jar 包全部加入 JUnitPerf

在 JUnitPerf 项目的 src 文件夹下，新建一个 TestPOI 类，代码如下。

```
package edu.njit.cs;
import java.io.FileOutputStream;
import java.io.IOException;

import org.apache.poi.hssf.usermodel.HSSFCell;
import org.apache.poi.hssf.usermodel.HSSFRow;
import org.apache.poi.hssf.usermodel.HSSFSheet;
import org.apache.poi.hssf.usermodel.HSSFWorkbook;
```

```
public class TestPOI {
    public static void main(String args[]) throws IOException
    {
        HSSFWorkbookbk = new HSSFWorkbook();          //对应一个excel文档
        HSSFSheet sheet = bk.createSheet("TestPOI");//对应一个excel的工作表

        FileOutputStreamos = new FileOutputStream("c:\\TestPOI.xls");

        HSSFRow row = sheet.createRow((short)0);   //建立新行

        HSSFCell cell = row.createCell((short)0); //建立新cell
        cell.setCellValue(1);                         //设置cell的整数类型的值
        bk.write(os);
        os.close();
    }
}
```

代码说明：main 方法中的代码的作用为在 C 盘的根目录下，建立一个名为 TestPOI.xls 的 Excel 文件，并且新建一个名为 TestPOI 的工作表，然后在 TestPOI 工作表中创建 Excel 的工作行。接下来，在新建的第一行中创建第一个单元格，在这个单元格中写入整数 1，最后将这个创建的 Excel 文件，写入硬盘中，结果如图 8.5 所示。

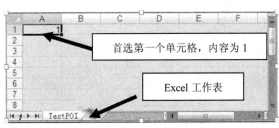

图 8.5 TestPOI 工作表

至此，第一个 POI 程序就完成了，可以看出，使用 Apache POI 套件可以使 Java 程序灵活地操作 Excel 文件。

下面介绍 Java 编辑 Excel 文件的两大开源工具：Jakarta POI 和 JavaExcelAPI(简称 JXL)。

POI 在某些细节方面有些小 Bug 并且不支持写入图片，其他方面都较好；JXL 除了支持写入图片外，其他方面都不如 POI 好。很多带有公式的 Excel 文件用 JXL 打开后，公式就丢失了(比如 now(),today())。另外，JXL 操作 Excel 文件的效率比 POI 低点。

在表 8-1 中已经指出，HSSFWorkbook 对应 excell 文档，HSSFSheet 对应 excell 工作表，HSSFCell 对应 excell 单元格。这些"对应"是什么含义呢？可以这样认为：HSSFCell 是在内存中创建一个 Excel 的单元格对象。这个单元格对象在 POI jar 包的帮助下，可以存储进入硬盘中的 Excel 文件。换句话说，当使用 HSSFCell cell＝row.createCell((short)0);意味着在 Java 虚拟机中，有一个 Excel 单元格的对象，在 Java 虚拟机工作运行 POI 的 jar 包后，被转换成 Excel 应用程序中真实的单元格。

经验分享：这给了 Java 的初学者一个重要启示——"在 Java 中一切皆为对象"。当需要对某一个程序进行操作时，应该首先寻找和这个应用程序相关的 jar 包，然后把这个 jar 包加入 Java 虚拟机中，最后根据 jar 包提供的对象，直接使用 Java 进行编程，完成任务。Java 通过面向对象的程序设计思想，将应用程序实现细节进行屏蔽，从而使得程序员在 Java 虚拟机的环境下完成软件设计。这也是面向对象非常重要的内在含义。

8.1.2　POI 与 JUnit 整合

在开源软件开发中，阅读文档、源码是程序设计人员必须具备的一项基本功能，在学习本小节内容之前，请读者思考一个问题，如何将日期格式记录在 Excel 文件中呢？

例 8.2　POI 日期格式的记录

改写 TestPOI：cell.setCellValue(new java.util.Date());//设置 cell 的日期类型的值。

在 TestPOI.xls 文件中，并不是可读的日期格式，结果如图 8.6 所示(根据读者运行的日期不同，在 Excel 文件的数字可能并不相同)。

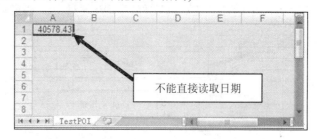

图 8.6　日期设定错误

表 8-1 中列举了 HSSFDataFormat 对象，这个对象是用来创建 Excel 格式的。正确的示例代码如下。

```
package edu.njit.cs;

import java.io.FileOutputStream;
import java.io.IOException;
import java.util.Date;

import org.apache.poi.hssf.usermodel.HSSFCell;
import org.apache.poi.hssf.usermodel.HSSFCellStyle;
import org.apache.poi.hssf.usermodel.HSSFDataFormat;
import org.apache.poi.hssf.usermodel.HSSFRow;
```

```
import org.apache.poi.hssf.usermodel.HSSFSheet;
import org.apache.poi.hssf.usermodel.HSSFWorkbook;

public class TestPOI2 {
    public static void main(String args[]) throws IOException
    {
    HSSFWorkbookwb = new HSSFWorkbook();
    HSSFSheet sheet = wb.createSheet("new sheet");
    HSSFRow row = sheet.createRow(0);
    HSSFCell cell = row.createCell(0);
    cell.setCellValue(new Date());

    HSSFCellStylecellStyle = wb.createCellStyle();
    cellStyle.setDataFormat(HSSFDataFormat.getBuiltinFormat("m/d/yy
h:mm"));
    cell = row.createCell(1);
    cell.setCellValue(new Date());
    cell.setCellStyle(cellStyle);

    FileOutputStreamfileOut = new FileOutputStream("C:\\workbook.xls");
    wb.write(fileOut);
    fileOut.close();
    }
}
```

将当前日期存入 cell 对象的想法并没有错误，没有正确显示的原因，是因为没有告诉 HSSFCell 对象，如何将传入的日期进行显示。使用 cellStyle 方法告诉单元格对象，需要为传入的日期设置一个格式，以便 Excel 正确识别。

经验分享：也许读者会有疑问，笔者是如何找出原因的呢？本书中所有的示例都来源于开源项目，在使用开源组件的时候，应当将开源项目下的源码包(即 src 包)一并下载并匹配安装。在标准的开源项目中，src 包中大多会有一个名字为 examples 的文件夹，这个文件夹是指导用户使用开源组件的重要手册，POI 的组件也不例外，在下载目录下的..\poi-3.5- FINAL \src\examples\src\org\apache\poi\hssf\usermodel\examples 位置，读者进入这些示例代码后，并不能直接运行代码，这很可能会打击大家的学习热情。其实，仔细观察可以发现，它们已经被作为 JUnit 的测试套件了。在 JUnit 的帮助下，读者可以更好地观察这些示例代码。

学习开源组件的思路和方法：通过搭建环境->阅读测试用例->跟踪源代码，可以比较顺利、快速地掌握套件的使用和机理。在流行组件的用例中，绝大多数使用 JUnit 扩展的测试用例。这也是本书将 JUnit 作为 Java 开源项目基础知识的一个重要原因。

在面向对象中，当软件结构被分割成一个一个对象之后，这些对象是如何协同工作的呢？对于面向对象程序设计，第 3 章中提到的设计模式是面向对象程序设计的经验总结。可能绝大多数的初学者不容易理解设计模式，其主要原因可能在于代码量不足。简单地说，设计模式就是在刻画软件结构中对象与对象之间的一种关系。

以上述代码为例：HSSFCellStylecellStyle ＝ wb.createCellStyle();这里面实际上就用到了名为工厂模式的设计方法。当需要使用 cellStyle 对象的时候，并不是通过 new 方法直接获得的，而是调用 wb 对象的 createCellStyle 方法。这是一种值得大家学习的设计思路：当应用程序需要一个对象 A，而这个对象 A 又和另一个对象 B 绑定的时候，就可以通过对象 B 产生出对象 A，供应用程序使用。为什么不能直接 new 呢？最直观的一个解释就是，如果 new 了一个对象 A，Java 虚拟机怎么知道对象 A 和对象 B 有关呢？为了让 A 和 B 进行绑定，就不得不增加额外的代码，这会让应用程序的结构不再清晰。

下面通过图 8.7 来解释。

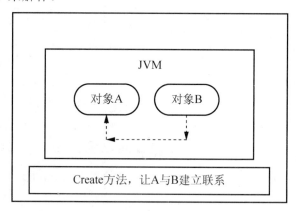

图 8.7　虚拟机 A

当直接 new 一个对象的时候，这个对象就存在于 JVM 之中。此时，可以认为对象 A、B 松散地分布于 JVM 里面，对象和对象之间的关系并不清晰。如果对象 A、B 有天然的关系，比如对象 A 一旦产生，就必须和一个对象 B 绑定起来的话，那么，就可以这样设计，对象 A 不应该通过 new 方法产生，而是有一个对象 B 将其创建之后，在放到 JVM 之中。于是对象 A 的产生就不是随意而为，而是非常清晰的——对象 A 是由绑定的对象 B 产生的。

当然，工厂模式有着丰富的含义。这里仅仅是粗略地为读者建立这样一个印象：所谓设计模式，其本质就是让分布在 JVM 中的对象的结构变得有条理、有规律，而不是任意分布，随意安放。

8.2　Java 的 Currency 技术

性能测试的着眼点在于，考察计算机是否能够支持软件的顺利运行。其基本指标有两个维度：①时间维度，计算机是否在规定时间内跑完了全部软件任务；②负荷维度，计算机能够支持的最大的程序数量是多少。这两个技术的核心就是 Java 的 Currency 技术(并发技术)。

JUnitPerf 在进行性能测试时，使用 TimedTest 和 LoadTest 完成上述两个维度的测试。

TimedTest 被用来考察执行该测试所使用的时间。TimedTest 中需要指定一个最大可接受的执行时间。默认情况下，执行 TimedTest 的时候会等待被执行的测试执行完毕，如果实际所用的时间超过了指定的最大时间，则标识测试失败。

LoadTest 则被用来模仿多个并发用户多次迭代执行测试。

8.2.1　使用 JUnitPerf 进行软件性能测试

例 8.3　JUnitPerf 测试

JUnitPerf 可以在 http://www.clarkware.com/software/junitperf-1.9.1.zip 下载，加入相应的 jar 包，完成后如图 8.8 所示。

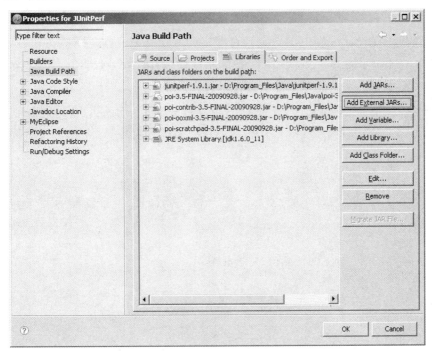

图 8.8　添加 JUnitPerf 的 jar 包

由于 JUnitPerf 是一个性能测试框架，在使用 JUnitPerf 进行性能测试时，必须为 JUnitPerf 指定需要测试的目标代码。在 JUnitPerf 项目下的 src 文件夹中新建一个 PerfTarget 类，再建立测试代码，TestPerfTarget.java 代码如下。

```
package edu.njit.cs;

public class PerfTarget {
    public int add(inta,int b)
    {
        return a + b;
    }
}
```

这个是业务逻辑代码，也是生产代码，需要测试的方法就是 add 方法。测试驱动开发的一个最佳实践就是要将生产代码和测试代码相分离，在应用程序中，新建一个名为 Test 的源代码文件夹，在其中建立测试代码。

需要指出的是，JUnitPerf 的工作对象并不是生产代码，而是单元测试代码。例如，不能直接使用 JUnitPerf 去测试 PerfTarget，而是先建立一个关于 PerfTarget 的单元测试，再使用 JUnitPerf 去测试编写的单元测试。

这样设计的优点有①测试代码应该与生产代码相分离，以免测试代码污染工作代码；②在性能测试中，测试人员会对代码的不同部分有不同的性能要求。对于频繁使用的代码，性能要求会比较高。通常情况下，这类代码往往是软件的核心，代码质量要求较高。这类代码在设计过程中，一定会有严格的单元测试流程。既然，在程序设计中，已经对这些代码编写过单元测试用例。程序员就应该保证针对这些测试用例的代码必须符合性能上的要求。通过单元测试用例保证代码的逻辑正确，接着就应该要求这些单元测试用例必须满足性能要求。所以，必须把测试对象关注在测试用例而不是生产代码上。

单元测试代码如下。

```
package edu.njit.cs;

import junit.framework.Assert;
import junit.framework.TestCase;

public class TestTargetUnit  extends TestCase{

    public TestTargetUnit(String name){
        super(name);
    }

    public void testAdd()
    {
        PerfTargetpT = new PerfTarget();
        int result = pT.add(1,2);
```

```
        Assert.assertEquals(3,result);
    }
}
```

针对这个单元测试加压，进行性能测试，新建 TestPerfTarget.java 文件，代码如下。

```
package edu.njit.cs;
import junit.framework.Test;
import com.clarkware.junitperf.TimedTest;
public class TestPerfTarget {
    public static Test suite()
    {
        long maxElapsedTime =20;
        Test test = new TestTargetUnit("testAdd");
        TimedTesttimeTest = new TimedTest(test,20);
        return timeTest;

    }
}
```

代码说明：long maxElapsedTime＝20;指定测试用例的工作最长工作时间。接着为
JUnitPerf 准备性能测试对象。Test test＝new TestTargetUnit("testAdd");生成单元测试对
象 TestTargetUnit，并且对这个单元测试用例中的 testAdd 方法加压。使用 TimedTest 的
构造方法：TimedTesttimeTest＝new TimedTest(test,20);将 test 和性能时间传入 JUnitPerf。

测试文件完成之后，在 MyEclipse 中 TestPerfTarget.java 文件的空白处右击，选择
run as JUnit Test 选项，如图 8.9 所示。

图 8.9　使用 JUnit 单元测试运行 JUnitPerf 项目

运行项目，测试结果如图 8.10 所示。

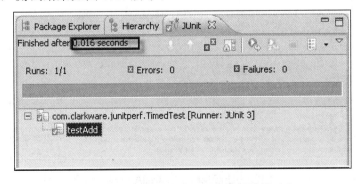

图 8.10　JUnitPerf 项目运行结果

这里需要提醒读者注意的是，上面提示的 0.016seconds 并不是单元测试用例的时间，这是很容易理解的。现在的 CPU 的运行速度以 GHz 为单位，一个简单的加法运算是绝对不可能耗时这么长时间的，JUnitPerf 的报告时间是在命令行中提示的，如图 8.11 所示。

图 8.11　JUnitPerf 项目 TestAdd 真实结果

接下来，修改工作代码 PerfTarget.java，在加法中修改 add 方法，故意使线程休眠 100 毫秒，观察运行结果，修改代码如下。

```
package edu.njit.cs;
public class PerfTarget {
    public int add(inta,int b)
    {
        //增加线程休眠时间
        try {
            Thread.currentThread().sleep(100);
        } catch (InterruptedException e) {
            // TODO Auto-generated catch block
            e.printStackTrace();
        }
        return a + b;
    }
}
```

运行提示，超出性能要求，如图 8.12 所示。

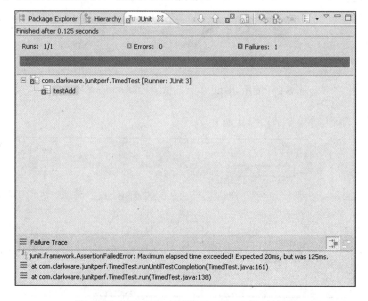

图 8.12　JUnitPerf 项目 TestAdd 超时结果

JUnitPerf TimedTest 让开发人员可以编写有相关时间限制的测试——如果超过了该限度，就认为测试是失败的(即便测试逻辑本身实际上是成功的)。在测试对于业务至关重要的方法时，时限测试相比其他测试来说，在确定和监控性能指数方面很有帮助。甚至可以测试得更加细致一些，可以测试一系列方法来确保它们满足特定的时间限制。

在完成了时间维度的测试之后，考虑负荷维度的测试。方法如下。

在 TestPerfTarget.java 文件中修改如下。

```
……
        //TimedTesttimeTest = new TimedTest(test,20);将时间测试代码注释
        //return timeTest;
        LoadTestloadTest = new LoadTest(test,10,10);//表示测试 test 用例，模
拟 10 个用户，每个用户执行 10 次，即总共运行 10*10＝100 次 add 方法
        return loadTest;
……
```

运载负荷的强度一般是通过响应时间来实现的，因此，需要组合使用 loadTest 和 TimeTest。与在测试场景中验证一个方法(或系列方法)的时间限制正好相反，JUnitPerf 也方便了负载测试。正如在 TimedTest 中一样，JUnitPerf 的 LoadTest 也像装饰器一样运行，它通过将 JUnit Test 和额外的线程信息绑定起来，从而模拟负载。

使用 LoadTest，可以指定要模拟的用户(线程)数量，甚至为这些线程的启动提供计时机制。JUnitPerf 提供两类 Timer：ConstantTimer 和 RandomTimer。通过为 LoadTest 提供这两类计时器，可以更真实地模拟用户负载。如果没有 Timer，所有线程都会同时启动。

组合方法也很简单，将 LoadTest 作为测试对象传入，代码如下。

```
……long maxElapsedTime ＝2000;
……
LoadTestloadTest = new LoadTest(test,10,10);//表示测试 test 用例，模拟 10 个用
户，每个用户执行 10 次，即总共运行 10*10＝100 次 add 方法
        TimedTesttimeTest = new TimedTest(loadTest,maxElapsedTime);
        return timeTest;
……
```

运行结果如图 8.13 所示。

图 8.13　JUnitPerf 项目符合测试结果

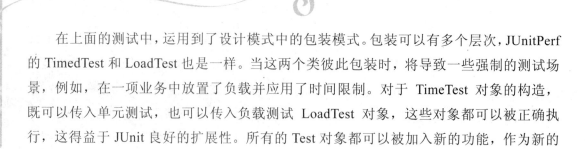

在上面的测试中，运用到了设计模式中的包装模式。包装可以有多个层次，JUnitPerf 的 TimedTest 和 LoadTest 也是一样。当这两个类彼此包装时，将导致一些强制的测试场景，例如，在一项业务中放置了负载并应用了时间限制。对于 TimeTest 对象的构造，既可以传入单元测试，也可以传入负载测试 LoadTest 对象，这些对象都可以被正确执行，这得益于 JUnit 良好的扩展性。所有的 Test 对象都可以被加入新的功能，作为新的 Test 对象。正是因为它们都是 Test 的子类对象，从而可以方便地扩展 JUnit 框架。

拓展问题：JUnitPerf 检测结果都是在命令行中显示的，那么如何把测试结果存入文件，以便观察呢？读者不妨先行思考一下方法(提示结合 Apache POI 的 Excel 操作功能)。

8.2.2 使用 JUnitPdfReport 记录测试结果

单元测试结果的收集是单元测试需要解决的一个重要问题。

在简单的测试中，可以直接 Run JUnit Test 获得对当前代码的测试结果。在软件工程的实践中，为了确保软件质量，软件文档的编写是必须完成的任务。试想一下，伴随着软件规模的增大，相应的单元测试的内容变得更多，如何将已经完成的单元测试用例汇集成文件以方便查看呢？显然，让程序员手动收集并汇总这些单元测试的用例运行结果，是非常低效的工作。因此，自动化地完成软件测试用例结果的编写工作是本小节需要解决的问题。

JUnitPdfReport 就是这样的一款工具。它结合 JUnit 工具，生成 pdf 格式的单元用例测试结果。它的下载地址为 http://sourceforge.net/projects/junitpdfreport/files/junitpdfreport/ JU NITPDFREPORT_1_0/。

需要提醒读者注意的是，在下载这款套件时，下载 junitpdfreport_essentials_1_0.zip 包。下载完毕之后，首先对 zip 包进行解压缩，然后进行 Example 8.4 项目，使用 JUnitPdfReport 生成单元测试用例报告。

JUnitPdfReport 实际上是基于 JUnit 和 Ant 的一款插件，读者在进行实验时，不需要编写任何 Java 代码只需要对 Ant 的 build.xml 文件进行配置即可。Ant 是开源项目中经常被使用的自动化构建脚本，初学 Java 开源项目的同学可能对 Ant 并不熟悉。不熟悉的读者，可以参考下面对于 Ant 的简单介绍。

首先，进入 Ant 的官方网站 http://archive.apache.org/dist/ant/binaries/，下载相应的 zip 包，本例使用的是 Ant1.7 版本，直接解压缩即可。解压缩完毕之后，需要在 MyEclipse 中指定 Ant 的路径，打开 Windows 菜单→选择 properties 菜单项，单击 Ant Home 按钮，如图 8.14 所示。

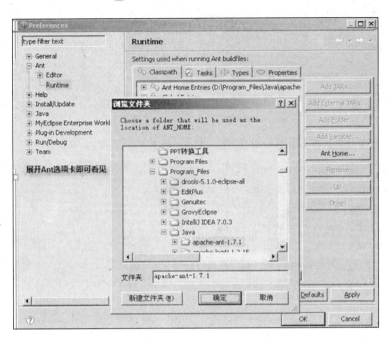

图 8.14　为 MyEclipse 配置 Ant 选项

Ant 配置完毕之后，需要编写 build.xml 文件。那么，什么是 build.xml 文件呢？简单地说，build.xml 文件是 Ant 执行的一个脚本文件，它规定了应用程序所必须执行的目标 Target。当需要执行某一个目标时，直接添加相应的 Target。

下面通过具体实例来说明。

新建一个 Java 工程，名称为 AntJUnitReport，新建两个源代码文件 Target.java 和 Target Test.java，代码如下。

```java
//Target.java 文件
public class Target {
    public int add(inta,int b)
    {
        return a + b;
    }
}
//TargetTest.java 文件
import junit.framework.Assert;
import junit.framework.TestCase;


public class TargetTest extends TestCase {
    public void testAdd()
    {
        Target target = new Target();
```

```
        int result = target.add(1,2);

        Assert.assertEquals(3,result);
    }
}
```

编写 Ant 的构建脚本 build.xml 文件，代码如下。

```xml
<?xml version="1.0"?>
    <project name="example" default="report">
    <property name="src.dir" value="src" />
    <property name="bin.dir" value="bin" />
    <property name="report.dir" value="report" />
    <!-- 为 Ant 指定 Junit 的 jar 包，根据具体环境指定路径 -->  <property
name="junit.dir" value="D:\\Program_Files\\Java\\junit3.8.1\\junit.jar" />

    <!-- 为 JuniPdfReport 指定格式文件，根据具体环境指定路径 -->
    <import
file="D:\\Program_Files\\Java\\junitpdfreport_essentials_1_0\\build-junitpdfreport.xml"/>

    <target name="prepare" >
        <mkdirdir="${bin.dir}" />
        <mkdirdir="${report.dir}" />
    </target>

    <target name="compile" depends="prepare">
        <javacsrcdir="${src.dir}" destdir="${bin.dir}">
            <classpath>
                <pathelement location="${junit.dir}" />
            </classpath>
        </javac>
    </target>

    <target name="test" depends="compile">
        <junitprintsummary="yes">
            <formatter type="xml" />
            <batchtesttodir="${report.dir}">
                <filesetdir="${src.dir}" includes="**/*Test.java" />
            </batchtest>
            <classpath>
                <pathelement location="${bin.dir}" />
                <pathelement location="${junit.dir}" />
            </classpath>
```

```
            </junit>
        </target>
        <target name="report" depends="test">
            <junitreporttodir="${report.dir}">
                <filesetdir="${report.dir}">
                    <include name="TEST-*.xml" />
                </fileset>                         .
                <report format="frames" todir="${report.dir}/html" />
            </junitreport>
        </target>

        <target name="junitpdfreport">
            <junitpdfreporttodir="C:\\" styledir="default">
            <filesetdir="H:\Debug\AntJUnitReport\report">
                <include name="TEST-*.xml"/>
            </fileset>
            </junitpdfreport>
        </target>

</project>
```

代码说明：Ant 是一个自动化配置框架，可以通过扩展其 Target 目标实现自动化处理。目标 report 就是 Ant 集成了 JUnit 的工作。该目标的作用是将 JUnit 的测试结果格式化为 XML 文件，并且将该目标存放在当前文件夹的 report 文件夹下。目标 junitpdfreport 则是根据 report 文件夹下的以 TEST 开头的 XML 文件格式化生成的 Pdf 文档。

build.xml 文件编写完毕之后，就可以通过执行 Ant 任务，实现 pdf 格式的测试用例生成。首先在 outline 视图中，选中 report 目标右击，选择 Ant Build 选项，如图 8.15 所示。

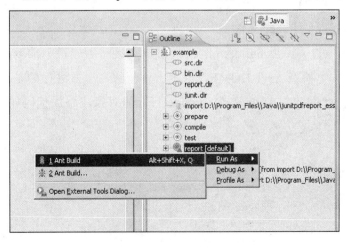

图 8.15　执行 report 目标

执行完毕之后，会在命令行提示 Build Successfully！的字样，此时 JUnit 的运行结果将以 XML 文件格式存放在 report 文件夹中。接着，运行 junitpdfreport 目标可以将 XML 文件生成 pdf 文档，在本示例中 pdf 将生成在 C 盘的根目录下，执行目标如图 8.16 所示。

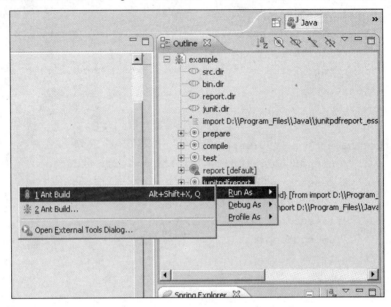

图 8.16　执行 report 目标，生成 pdf 文件

8.3　使用 JUnitPerf、Apache POI、JUnitPdfReport 实现 MyUnitTools

本书在介绍 JUnitPerf 时曾经向读者提出，如何收集全部单元测试用例的运行结果并用格式化文件显示呢？经过前面两个小节的知识储备，完全可以将 JUnitPerf 测试结果导出生成所需要的单元测试用例文档。解决问题的思路如下：通过 Ant 集成 JUnit 的功能，将 JUnitPerf 的运行结果生成 XML 格式的文件，将 XML 格式文件使用 Apache POI 类库读取并生成相应的 Excel 文件。

在 JUnitPerf 项目下添加 build.xml 文件，可以直接将上一讲中的 build.xml 复制过来使用，同时不要忘记检查 ANT-HOME，内容大体一致，需要进行的是在 build.xml 文件中加入 JUnitPerf 的 jar 包，以及修改 compile 目标的对象，添加代码如下。

```
……<property name="junitperf.dir"
value="D:\\Program_Files\\Java\\junitperf-1.9.1\\lib\\junitperf-1.9.1.jar" />
……
<target name="test" depends="compile">
        <junitprintsummary="yes">
            <formatter type="xml" />
            <batchtesttodir="${report.dir}">
```

```
                    <filesetdir="${src.dir}" includes="**/TestPerfTarget.java" />
                </batchtest>
                <classpath>
                    <pathelement location="${bin.dir}" />
                    <pathelement location="${junit.dir}" />
                </classpath>
            </junit>
        </target>
......
<target name="test" depends="compile">
        <junitprintsummary="yes">
            <formatter type="xml" />
            <batchtesttodir="${report.dir}">
                <filesetdir="test" includes="**/edu/njit/cs/
                TestPerfTarget.java" />
            </batchtest>
            <classpath>
                <pathelement location="${bin.dir}" />
                <pathelement location="${junit.dir}" />
                <pathelement location="${junitperf.dir}" />
            </classpath>
        </junit>
    </target>
......
```

当然，可以如上一讲运行 JUnitPdfreport 目标生成 pdf 文件。为了巩固以前所学的知识，此处使用 Apache POI 类库来进行处理。

首先，找到 report 文件夹，发现执行 report 目标之后，在 report 文件夹下，多了一个名为 TESTS-TestSuites.xml 文件，用记事本打开这个文件后，发现在文件中有一个名为 testcase 的节点，这些需要的单元测试用例的执行信息，只要想办法把 testcase 节点中的信息用 POI 读取出来，再写入 Excel 就可以了。

```
......
<testcaseclassname = "edu.njit.cs.TestTargetUnit" name = "testAdd" time =
"0.109" />
<testcaseclassname = "edu.njit.cs.TestTargetUnit" name = "testAdd" time =
"0.109" />
<testcaseclassname = "edu.njit.cs.TestTargetUnit" name = "testAdd" time =
"0.0" />
<testcaseclassname = "edu.njit.cs.TestTargetUnit" name = "testAdd" time =
"0.0" />
......
```

那么，如何处理 XML 文件格式的内容呢？有没有比较好用的开源类库帮助处理 XML 文件呢？显然是有的，最常见的就是 dom4j 类库，可以在地址 http://sourceforge. net/projects/dom4j/files/dom4j/1.6.1/下载。

首先，为 JUnitPerf 项目添加 dom4j 的 jar 包支持，完成后如图 8.17 所示。

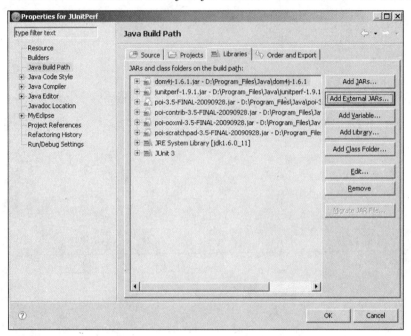

图 8.17 添加 dom4j

在 JUnitPerf 项目下，新建 edu.njit.cs.MyUnitTools 包，代码如下。

```
package edu.njit.cs;

import java.io.File;
import java.io.FileNotFoundException;
import java.io.FileOutputStream;
import java.util.Date;
import java.util.Iterator;
import java.util.List;
import org.apache.poi.hssf.usermodel.HSSFCell;
import org.apache.poi.hssf.usermodel.HSSFCellStyle;
import org.apache.poi.hssf.usermodel.HSSFDataFormat;
import org.apache.poi.hssf.usermodel.HSSFRow;
import org.apache.poi.hssf.usermodel.HSSFSheet;
import org.apache.poi.hssf.usermodel.HSSFWorkbook;
import org.dom4j.Document;
import org.dom4j.DocumentException;
import org.dom4j.Element;
```

```java
import org.dom4j.io.SAXReader;

public class MyUnitTools {

    public static void main(String[] args) {
        HSSFWorkbookwb = new HSSFWorkbook();
        HSSFSheet sheet = wb.createSheet("new sheet");

        SAXReadersaxReader = new SAXReader();
        Document document = null;
        try {
            document = saxReader.read(new File(
                    System.getProperty("user.dir")+"//report//TESTS-
                    TestSuites.xml"));
        } catch (DocumentException e) {
            e.printStackTrace();
        }

        Element root = document.getRootElement();
        Element Elm = root.element("testsuite");// 得到 testsuite 节点名

        //创建标题行，以及标题内容
        HSSFRowrowLineTestSuiteTitle = sheet.createRow(0);
        HSSFRowrowLineTestSuiteContent = sheet.createRow(1);

        //建立第一个单元格目标
        HSSFCellcellSuiteTitle = rowLineTestSuiteTitle.createCell(0);
        cellSuiteTitle.setCellValue("测试目标");
        HSSFCellcellSuiteContent = rowLineTestSuiteContent.createCell(0);

cellSuiteContent.setCellValue(Elm.attributeValue("package")+"."+Elm.
attributeValue("name"));

        //建立第二个单元格目标
        cellSuiteTitle = rowLineTestSuiteTitle.createCell(1);
        cellSuiteTitle.setCellValue("测试总耗时");
        cellSuiteContent = rowLineTestSuiteContent.createCell(1);
        cellSuiteContent.setCellValue(Elm.attributeValue("time"));

        //建立第三个单元格目标
        cellSuiteTitle = rowLineTestSuiteTitle.createCell(2);
        cellSuiteTitle.setCellValue("测试完成时间");
        cellSuiteContent = rowLineTestSuiteContent.createCell(2);
```

```
        cellSuiteContent.setCellValue(Elm.attributeValue("timestamp"));

        List<Element>ElmTestcaseList = Elm.elements("testcase");
        inti =2;
        for (Iterator it = ElmTestcaseList.iterator(); it.hasNext();) {
            Element elm = (Element) it.next();
            rowLineTestSuiteTitle = sheet.createRow(i++);
            cellSuiteTitle = rowLineTestSuiteTitle.createCell(0);
            cellSuiteTitle.setCellValue("单元测试目标");
            cellSuiteTitle = rowLineTestSuiteTitle.createCell(1);
            cellSuiteTitle.setCellValue("单元测试耗时");

            rowLineTestSuiteContent = sheet.createRow(i++);
            cellSuiteContent = rowLineTestSuiteContent.createCell(0);

            cellSuiteContent.setCellValue((elm.attributeValue
("classname")+"类的"+elm.attributeValue("name")+"方法"));
            cellSuiteContent = rowLineTestSuiteContent.createCell(1);
            cellSuiteContent.setCellValue(elm.attributeValue("time")+"秒");
        }


    FileOutputStreamfileOut;
    try {
        fileOut = new FileOutputStream("C:\\workbook.xls");
        wb.write(fileOut);
        fileOut.close();
    } catch (Exception e1) {

        e1.printStackTrace();
    }


    }

}
```

8.4　JUnitPerf 基准测试

　　尽管 JUnitPerf 是一个性能测试框架，但也要先大致估计一下测试要设定的性能指数。这是由于所有由 JUnitPerf 装饰的测试都通过 JUnit 框架运行，所以就存在额外的消耗，特别是在利用 Fixture 时。由于 JUnit 本身用一个 setUp 和一个 tearDown()方法装饰所有测试样例，所以要在测试场景的整个上下文中考虑执行时间。

相应地，创建使用 Fixture 逻辑的测试，但也会运行一个空白测试来确定性能指数基线。这是一个大致的估计，但它必须作为基线添加到任何想要的测试限制中。例如，如果运行一个由 Fixture 逻辑(使用 DbUnit)装饰的空白测试用时 2.5 秒，那么想要的所有测试限制都应将这一额外时间考虑在内。

新建 Fixture 项目，准备环境如例 8.1，因为只是简单的测试，所以在 default 包中添加以下代码。

```java
public class DBUnitSetUpBenchmarkTest extends DatabaseTestCase
{
    private WidgetDAO dao = null;

    public void testNothing()
    {
        //should be about 2.5 seconds
    }

    protected IDatabaseConnection getConnection() throws Exception
    {
        Class driverClass = Class.forName("org.hsqldb.jdbcDriver");
        Connection jdbcConnection = DriverManager.getConnection(
                "jdbc:hsqldb:hsql://127.0.0.1", "sa", "");
        return new DatabaseConnection(jdbcConnection);
    }

    protected IDataSet getDataSet() throws Exception
    {
        return new FlatXmlDataSet(new File("test/conf/seed.xml"));
    }

    protected void setUp() throws Exception
    {
        super.setUp();
        final ApplicationContext context =
        new ClassPathXmlApplicationContext("spring-config.xml");
        this.dao = (WidgetDAO) context.getBean("widgetDAO");
    }
}
```

测试样例 testNothing()什么都没做。其唯一的目的是确定运行 setUp()方法(当然，该方法也通过 DbUnit 设置了一个数据库)的总时间。测试时间将随机器的配置而变化，同时也随执行 JUnitPerf 测试时运行的东西而变化。将 JUnitPerf 测试放到它们自己的分

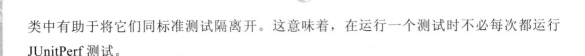

类中有助于将它们同标准测试隔离开。这意味着，在运行一个测试时不必每次都运行 JUnitPerf 测试。

本 章 小 结

本章介绍了 Java 性能测试的入门知识，通过案例描述了如何使用 JUnitPerf 进行 Java 性能测试工作。并进一步讲述了以下内容。

(1) Apache POI 是开源的 Java 操作 Microsoft Office 文件的解决方案，在开发中可以使用 POI 包操作 Word、Excel 文档。

(2) JUnitPerf 是基于 Java Currency 技术进行工作的，在设计性能测试的工作中必须注意并发问题。

(3) JUnitPdfReport 是生成性能测试报告的解决方案，它基于 JUnit 和 Ant 插件机制完成 pdf 文件生成。

习 题 与 思 考

1．什么是 Apache POI 组件？能用它生成 Word 文档吗？

2．什么是基于时间的测试？如何使用 JUnitPerf 设置时间要求？

3．JUnitPdfReport 是如何在 Ant 文件中配置以生成性能测试报告的？

第 9 章

信息系统测试技术

(1) 了解数据库测试的一般方法；

(2) 掌握 B/S 结构应用程序测试的基本概念，了解 HttpUnit 的工作原理；

(3) 理解 Web Service 测试的方法。

在现实的信息系统开发中，Web 技术、数据库技术都是构建一个信息系统必不可少的一个技术。本章将把测试工具的视野从程序设计的范围拓展开来，介绍数据库测试技术、Http 测试技术、代理测试技术和 Web Service 技术。其中 Web Service 测试技术的效果如图 9.1 所示。

图 9.1　案例运行结果

信息系统测试技术知识结构如图9.2所示。

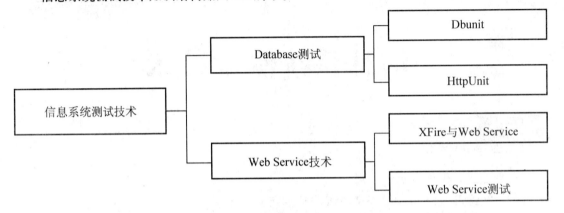

图 9.2 信息系统测试技术知识结构

9.1 Database 测试技术

数据库开发既然在软件开发中的比重逐步提高，随之而来的问题也越来越突出。人们以前往往重视对代码的测试工作，随着流程技术的日益完善，软件质量得到了大幅度的提高，但数据库方面的测试仍然处于空白。从来没有真正将数据库作为一个独立的系统进行测试，而是通过对代码的测试工作间接对数据库进行一定的测试。随着数据库开发的日益升温，数据库测试也需要独立出来进行符合自身特点的测试工作。数据库开发和应用开发并没有实质上的区别，所以软件测试的方法同样适用于数据库测试。

从测试过程的角度可以把数据库测试分为如下几类。

1. 系统测试

传统软件系统测试的测试重点是需求覆盖，数据库测试同样也需要对需求覆盖进行保证。数据库在初期设计中也需要对测试进行分析，例如，存储过程、视图、触发器、约束规则等都需要进行需求的验证确保其功能设计是符合需求的。另外还需要确认数据库设计文档和最终的数据库相同，当设计文档变化时同样要验证该修改是否落实到数据库上。这个阶段的测试主要通过数据库设计评审来实现。

2. 集成测试

集成测试是主要针对接口进行的测试工作，从数据库的角度来说和普通测试稍微有

些区别。对于数据库测试来说，需要考虑以下内容。

(1) 数据项的修改操作。

(2) 数据项的增加操作。

(3) 数据项的删除操作。

(4) 数据表增加满。

(5) 数据表删除空。

(6) 删除空表中的记录。

(7) 数据表的并发操作。

(8) 针对存储过程的接口测试。

(9) 结合业务逻辑做关联表的接口测试。

(10) 对接口考虑采用等价类、边界值、错误猜测等方法进行测试。

3. 单元测试

单元测试侧重于逻辑覆盖，对于复杂的代码来说，数据库开发的单元测试相对简单些，可以通过语句覆盖和走读的方式完成。

4. 系统测试

系统测试相对来说比较困难，要求测试人员有很高的数据库设计能力和丰富的数据库测试经验。而集成测试和单元测试相对简单。

5. 功能测试

对数据库功能的测试可以依赖工具进行。

(1) DbUnit。一款开源的数据库功能测试框架，可以使用类似于 JUnit 的方式对数据库的基本操作进行白盒的单元测试，对输入输出进行校验。

(2) QTP。大名鼎鼎的自动测试工具，通过对对象的捕捉识别，可以通过 QTP 模拟用户的操作流程，通过其中的校验方法或者结合数据库后台的监控对整个数据库中的数据进行测试。

(3) DataFactory。一款优秀的数据库数据自动生成工具，通过它可以轻松地生成任意结构数据库，对数据库进行填充，生成所需要的大量数据从而验证数据库中的功能是否正确，属于黑盒测试。

6. 数据库性能测试

虽然硬件最近几年进步很快，但是需要处理的数据以更快的速度在增加。几亿条记录的表格现在已司空见惯，如此庞大的数据量在大量并发连接操作时，不能像以前一样

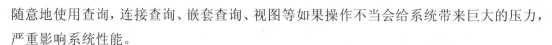

随意地使用查询,连接查询、嵌套查询、视图等如果操作不当会给系统带来巨大的压力,严重影响系统性能。

可以从以下4方面优化性能。

(1) 物理存储方面。

(2) 逻辑设计方面。

(3) 数据库的参数调整。

(4) SQL 语句优化。

此外,业界也提供了很多工具对性能进行测试。

(1) Loadrunner。可以通过对协议的编程来对数据库做压力测试。

(2) Swingbench。这是一个重量级的 Feature,类似于 LR,而且非常强大,专门针对 Oracle。

(3) Oracle11g 已经提供了 real application test,提供数据库性能测试,分析系统的应用瓶颈。

(4) 很多第三方公司开发了 SQL 语句优化工具来自动地进行语句优化工作,从而提高执行效率。

7. 安全测试

软件日益复杂,而数据又成为了系统中重中之重的核心,从以往对系统的破坏现在更倾向于对数据的获取和破坏。而数据库的安全被提到了最前端。

自从 SQL 注入攻击被发现,貌似万无一失的数据库一下从后台变为了前台,而一旦数据库被攻破,整个系统也会暴露在黑客的手下,通过数据库强大的存储过程,黑客可以轻松地获得整个系统的权限。而 SQL 的注入看似简单却很难防范,对于安全测试来说,如何防范系统被注入是安全测试的难点。

业界有数据库注入检测工具,来帮助用户对自身系统进行安全检测。如 ISO IEC 21827,也称为 SSE CMM 3.0,是 CMM 和 ISO 的集成的产物,专门针对系统安全领域。

8. 数据库的健壮性、容错性和恢复能力

功能测试、性能测试、安全测试是一个由简到繁的过程,是数据库测试人员需要逐步掌握的技能,也是以后公司对数据库测试人员的要求。

在现代测试技术中,有一个重要的特性:测试代码必须与生产代码相分离。测试代码和生产代码不加区别的存在于系统开发环节中,将很容易引起开发秩序的混乱。因为伴随着代码规模的不断扩大,程序开发人员很可能弄不清楚哪一部分代码是用作测试的,哪一部分应当归为最终产品。

数据库系统是信息系统的重要组成部分。对于信息系统来讲,数据是全部系统的重中之重。

因此,对数据库功能的测试更加应该注重测试代码与生产代码的相分离。这种思想在对数据库功能的测试中体现得更加明显。举例来说,当程序员向数据库插入一条测试数据进行功能测试后,应当及时删除这条测试数据。否则,插入的数据有可能影响到其他功能的开发者。最理想的测试环境应当是:在测试之前,将当前的数据库情况进行备份,然后开发人员对数据库进行操作,测试自己的编码需求,最后,再将数据库还原成测试前的情况。这样,每一个程序员对数据库的操作都已经被相互隔离,从而有效地保护了数据库。这是一种有效的单元测试方式——当前程序员对系统的影响不会传播给其他人。正是基于这种思想,基于 JUnit3.8,工业界提出了一种数据库测试的解决方案。

9.1.1 DbUnit 技术

DbUnit 是一个基于 Junit 扩展的数据库测试框架。它提供了大量的类对 JDBC 进行了二次封装,并通过使用用户自定义的数据集(DataSet),使得针对数据库的单元测试独立于初始数据库环境。

1. DbUnit 设计理念

熟悉单元测试的开发人员都知道,在对数据库进行单元测试时,通常采用的方案有运用模拟对象(Mock Objects)和 Stubs 两种。通过隔离关联的数据库访问类,如 JDBC 的相关操作类,来达到对数据库操作的模拟测试。然而某些特殊的系统,如利用了 EJB 的 CMP(Container-Managed Persistence)的系统,数据库的访问对象是在最底层而且很隐蔽的,那么这两种解决方案对这些系统就显得力不从心了。

DbUnit 的设计理念是在测试之前,备份数据库,然后给对象数据库植入需要的准备数据,最后,在测试完毕后,读入备份数据库,回溯到测试前的状态。

DbUnit 是对 JUnit 的一种扩展,开发人员可以通过创建测试用例代码,在测试用例的生命周期内对数据库的操作结果进行比较。

2. DbUnit 测试流程

基于 DbUnit 的测试的主要接口是 IDataSet。IDataSet 代表一个或多个表的数据。

可以将数据库模式的全部内容表示为单个 IDataSet 实例。这些表本身由 Itable 实例表示。

IDataSet 的实现有很多,每一个都对应一个不同的数据源或加载机制。最常用的几种 IDataSet 实现如下。

(1) FlatXmlDataSet：数据的简单平面文件 XML 表示。

(2) QueryDataSet：用 SQL 查询获得的数据。

(3) DatabaseDataSet：数据库表本身内容的一种表示。

(4) XlsDataSet：数据的 Excel 表示。

一般而言，使用 DbUnit 进行单元测试的流程如下。

(1) 根据业务，做好测试用的准备数据和预想结果数据，通常准备成 xml 格式文件。

(2) 在 setUp()方法里备份数据库中的关联表。

(3) 在 setUp()方法里读入准备数据。

(4) 对测试类的对应测试方法进行实装:执行对象方法，把数据库的实际执行结果和预想结果进行比较。

(5) 在 tearDown()方法里，把数据库还原到测试前状态。

DbUnit(本例使用的是 DbUnit2.3 版本)，可以在 http://sourceforge.net/ projects/dbunit/ files/dbunit/网站获得。

例 9.1　使用 DbUnit 进行数据库单元测试

既然是数据库测试，就需要一个具体的数据库系统。本例使用 MySql5.0 作为示例数据库，为了方便起见，使用 Navicat Lite for MySQL 工具作为 MySql 的前台访问工具。这两款应用软件的安装十分简便，在此不再赘述。

安装完毕后，打开 Navicat Lite for MySQL 连接 MySql 数据库，新建一个连接，名为 localhost，其中用户名为 root，密码为安装时读者指定的内容，本例中的使用的密码为 root，如图 9.3 所示。

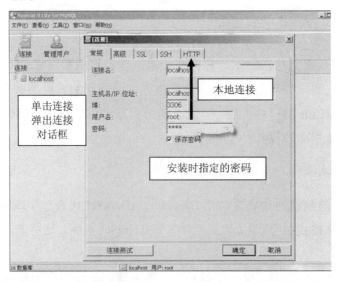

图 9.3　使用 Navicat Lite for MySQL 建立数据库连接

右击 localhost 连接，弹出菜单，选择创建数据库选项，如图 9.4 所示。

在弹出的对话框中，键入数据库名为 DbUnit，并指定数据库编码为 UTF-8，以便支持中文字符，如图 9.5 所示。

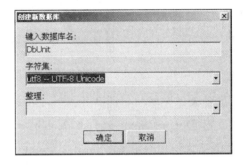

图 9.4　建立 DbUnit 数据库　　　　　图 9.5　建立 DbUnit 数据库指定 UTF-8 编码格式

双击 DbUnit 库(或者在 DbUnit 上右击选择打开数据库)，为数据库新建 Users 表，表中的字段和属性如图 9.6 所示。

图 9.6　创建 Users 表

单击"保存"按钮，在弹出的对话框中键入表名 Users，创建成功，如图 9.7 所示。

图 9.7 保存 Users 表

Users 表创建之后，对这张表输入一些数据，如图 9.8 所示。

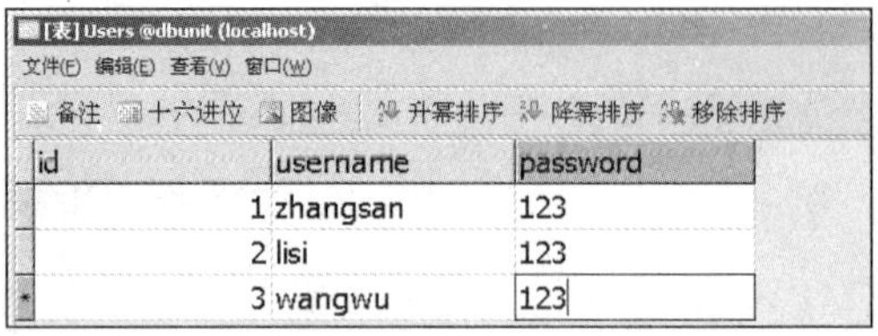

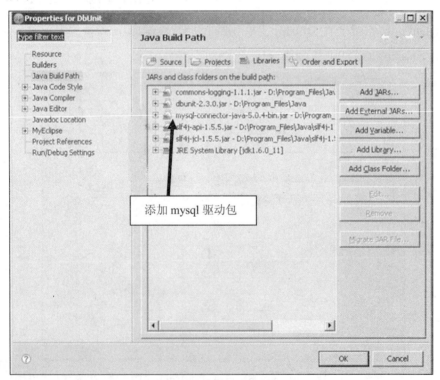

图 9.8 向 Users 表输入数据

准备工作完毕，下面开始编写 DbUnit 的 Java 工程，在 MyEclipse 中新建 DbUnit 的工程，将 DbUnit2.3.jar 文件加入 DbUnit 的 classpath 中，同时加入 slf4j-jcl-1.5.5.jar 和 slf4j-api-1.5.5.jar 两个 jar 包，以及 commons-logging-1.1.1.jar。完成后的 DbUnit 的 classpath 如图 9.9 所示。

图 9.9 DbUnit 的 classpath 配置

在 DbUnit 工程下，键入如下 DbUnit.java 代码。

```java
package edu.njit.cs;

import java.io.FileOutputStream;
import java.sql.DriverManager;

import org.dbunit.database.DatabaseConnection;
import org.dbunit.database.IDatabaseConnection;
import org.dbunit.database.QueryDataSet;

import com.mysql.jdbc.Connection;
public class DbUnit {
    public static void main(String[] args) throws Exception {
        Class.forName("com.mysql.jdbc.Driver");
        Connection conn = (Connection) DriverManager.getConnection(
                "jdbc:mysql://localhost/dbunit", "root", "root");
        IDatabaseConnection connection = new DatabaseConnection(conn);
        QueryDataSet ds = new QueryDataSet(connection);
        ds.addTable("users","slect * from users");

        //导出 DataSet 至 XML
        org.dbunit.dataset.xml.FlatXmlDataSet.write(ds,
            new FileOutputStream("C:\\Users.xml"));
    }
}
```

代码解释：上述的代码揭示了 DbUnit 的工作方式。首先安装标准的 JDBC 方式，加载 JDBC 的驱动，创建 connection 连接；接下来，具体连接数据库，使用 DbUnit 封装连接对象，IDatabaseConnection connection＝new DatabaseConnection(conn)；然后，使用 connection 对象，创建一个名为 ds 的 QueryDataSet 对象，这个 DataSet 对象的作用是将数据库中的表装入内存中，具体加载数据库中的哪一张表由用户指定：ds.addTable("users"，"slect * from users")；最后，将内存中的 Users 表以 XML 文件的方式，存入 C 盘的根目录。

查看 Users.xml 文件，可以看到如下结果。

```xml
<?xml version='1.0' encoding='UTF-8'?>
<dataset>
<users id="1" username="zhangsan" password="123"/>
<users id="2" username="lisi" password="123"/>
<users id="3" username="wangwu" password="123"/>
</dataset>
```

它将表明作为<dataset>的一个节点，在本例中这个节点的名称为 users，并且将 users

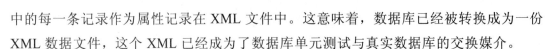

中的每一条记录作为属性记录在 XML 文件中。这意味着，数据库已经被转换成为一份 XML 数据文件，这个 XML 已经成为了数据库单元测试与真实数据库的交换媒介。

这样，就可以总结出 DbUnit 的测试过程：首先，按照待测数据库的表结构准备相应的 XML 文件；然后，在 setUp 方法里备份数据库并读入数据，接着对测试类的操作进行方法调用，把数据库中的实际结果和预期进行比较；最后在 tearDown 方法里，将数据库还原到测试状态前。

在 src 文件夹下，建立一个名为 DbUnitTest 的单元测试文件，代码如下。

```java
package edu.njit.cs;

import java.io.File;
import java.io.FileInputStream;

import org.dbunit.DBTestCase;
import org.dbunit.PropertiesBasedJdbcDatabaseTester;
import org.dbunit.dataset.IDataSet;
import org.dbunit.dataset.ITable;
import org.dbunit.dataset.xml.FlatXmlDataSet;

public class HelloWorldTest extends DBTestCase {
    public HelloWorldTest() {

        System.setProperty(
                PropertiesBasedJdbcDatabaseTester.DBUNIT_DRIVER_CLASS,
                "com.mysql.jdbc.Driver");
        System.setProperty(

PropertiesBasedJdbcDatabaseTester.DBUNIT_CONNECTION_URL,
                "jdbc:mysql://localhost/dbunit");

System.setProperty(PropertiesBasedJdbcDatabaseTester.DBUNIT_USERNAME,
        "root");
System.setProperty(PropertiesBasedJdbcDatabaseTester.DBUNIT_PASSWORD,
        "root");
    }

    @Override
    protected IDataSetgetDataSet() throws Exception {
        return new FlatXmlDataSet(new FileInputStream("C:\\Users.xml"));
    }
```

```
public void test() throws Exception {
    IDataSet ds = getConnection().createDataSet();
    ITableactualTable = ds.getTable("users");

    IDataSet ds2 = new FlatXmlDataSet(new File("C:\\Users.xml"));
    ITableexpectedTable = ds2.getTable("users");
    org.dbunit.Assertion.assertEquals(expectedTable, actualTable);
    }
}
```

这个简单的测试用例首先在构造函数中，将需要连接数据库的基本信息一一完成。使用的方法则是在开源项目中最常见的方法：System.setProperyt()。通过构造一个键值对，将需要的信息放入 Java 虚拟机中。当 Java 应用程序需要的时候，可以从虚拟机中读取。示例如下。

PropertiesBasedJdbcDatabaseTester.DBUNIT_DRIVER_CLASS

PropertiesBasedJdbcDatabaseTester 是一个类，而 DBUNIT_DRIVER_CLASS 则是一个常量，这个常量对应的内容为字符串 "com.mysql.jdbc.Driver"，顾名思义，这实际上是为 DbUnit 提供了访问数据库的驱动程序。其他的属性也是类似的情况。

方法 test 是本示例中的单元测试用例，它通过两个 DataSet 得到需要比对的测试数据，ds 是从数据库中读取的；ds2 是从硬盘读取的。在本例中，读者应当注意 C 盘根目录下的 Users.xml 文件是在测试之前就已经准备好的。首先根据上一个实验中得到的 XML 文件结构，将里面的内容填充数据，再将 XML 中的数据和数据库中的信息加以比对，从而验证数据库的操作。

例 9.2　使用 DbUnit 进行数据库

单元测试独立于数据库等一些外界环境运行。而应用最终是由多个系统组合起来的，用的最多的是数据库系统，所以要对系统集成做测试。而多个开发人员在进行集成测试时，有可能操作同一个表的相同记录而导致某些功能模块错误。所以集成测试最好用 DbUnit 进行，自己构造数据，减少相互影响。

下面介绍 Grails 和 DbUnit 整合起来做集成测试的方法。

步骤一：安装 Grails。下载最新的 Grails 版本，地址为 http://grails.org/Download。安装步骤如下。

(1) 解压 Grails。(提示：确保所有路径名中没有空格。例如，在 Unix/Linux/MacOS X 机器上用/opt/grails；在 Windows 机器上用 c:\opt\grails。)

(2) 创建 GRAILS_HOME 环境变量。

(3) 把 GRAILS_HOME/bin 加到 PATH 中(Windows 下注意/\)。

（更多关于安装 Grails 的信息，参见 http://grails.org/Installation。）

建立一个工程如例 9.1，工程名为 taobao，Grails 以插件形式集成 DbUnit，而最好用的插件是 DbUnit 插件，所以增加 plugins.dbunit-operator＝1.6.1。

安装插件命令：grails install-plugin dbunit-operator。

步骤二：找到 conf/DataSource.groovy 文件，把测试模式下的数据库连接增加下面代码中有注释"需要添加的代码"下面到注释"结束"中间一段。

```
test {
        dataSource {
            pooled = true
            driverClassName = "org.hsqldb.jdbcDriver"
            dbCreate = "create-drop" // one of 'create', 'create-drop',
                                    // 'update'
            username = "sa" //newland  root
            password = ""
            url = "jdbc:hsqldb:mem:devDb"
            //需要添加的代码
            dbunitXmlType = "flat" // dbunit-operator data file type: 'flat'
                                    // or 'structured'
            orderTables = false // resolve table dependencies and order tables?
(if true: dbunit-operator is slower)
            //结束
        }
    }
```

步骤三：在 Web-app 目录下增加 data 文件夹，所有测试虚拟构造的文件都放在这个文件夹里。

data/test/data0.xml 中，添加以下代码。

```
<?xml version='1.0' encoding='UTF-8'?>
<dataset>
    <p4p_tagcat id="881" tag_id="1" tag_name="家具装修"
cat_id="50008164" gmt_create="2011-08-18 11:47:32"

gmt_modified="2011-08-18 11:47:32" version="2" cat_name="住宅家具"/>
```

步骤四：在 com.taobao.ad.hotKeywords 包中添加集成测试类 TagCatIntegrationTests。

```
package com.taobao.ad.hotKeywords

import grails.test.*
import ch.gstream.grails.plugins.dbunitoperator.DbUnitTestCase
```

```
class TagCatIntegrationTests extends DbUnitTestCase {

    // specify your testing datasets, the root path is
    // the project root path for dbunit-operator test cases
    public getDatasets() {
        ["data/test/data0.xml"]
    }

    void testSomething() {
        def tagCount = TagCat.count()
        assertEquals 1, tagCount
    }
}
```

步骤五：命令行执行 test-app -integration com.taobao.ad.hotKeywords.TagCatIntegration，如果用 sts 开发工具的话可以直接指定运行，如图 9.10 所示。

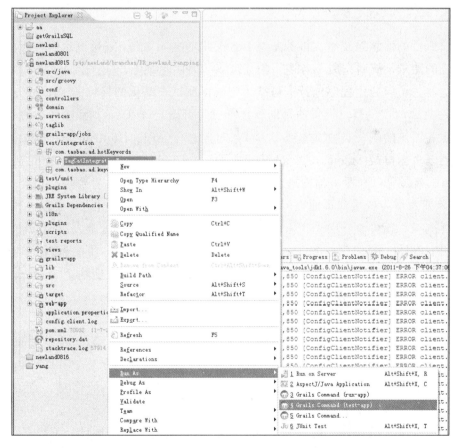

图 9.10　直接指定运行

在第 5 步执行之后，会在${工程目录}/ target/test-reports/html/index.html 生成测试报告，如图 9.11 所示。

图 9.11　生成测试报告

9.1.2　Web 方式下的信息系统测试技术——HttpUnit 简介

到目前为止，已经介绍了 XUnit 家族大量的测试工具。回顾工具介绍可以发现，绝大多数产品都属于白盒测试的范畴。而本节介绍的 HttpUnit 则是一类偏向于功能测试的产品。

目前流行的信息系统绝大多数都是 B/S 架构的应用系统，通过浏览器方式向服务器发送相应的请求，从而完成业务逻辑的处理。如果在测试中，软件测试人员以手工方式操作浏览器去访问应用程序，是不可能达到软件测试自动化的目标的。HttpUnit 是一个 Web 应用集成测试工具，提供的帮助类让测试者可以通过 Java 类和服务器进行交互，并且将服务器端的响应当作文本或者 DOM 对象进行处理。HttpUnit 通过模拟浏览器的行为，处理页面框架(Frames)、Cookies、页面跳转(Redirects)等。通过 HttpUnit 提供的功能，测试人员可以和服务器端进行信息交互，将返回的网页内容作为普通文本、XML Dom 对象或者作为链接、页面框架、图像、表单、表格等的集合进行处理，使用 JUnit 框架进行测试，还可以导向一个新的页面，然后进行新页面的处理，以便后续测试。

使用 HttpUnit 测试 Servlet 时，创建一个 ServletRunner 实例，模拟 Servlet 容器环境。如果只是测试一个 Servlet，可以直接使用 registerServlet 方法注册这个 Servlet，如果需要配置多个 Servlet，可以编写自己的 web.xml，然后在初始化 ServletRunner 的时候将它的位置作为参数传给 ServletRunner 的构造器。

在测试 Servlet 时，使用 ServletUnitClient 类作为客户端，它和前面用过的 WebConversation 差不多，都继承自 WebClient，所以它们的调用方式基本一致。要注意的是，在使用 ServletUnitClient 时，忽略 URL 中的主机地址信息，而直接指向 ServletRunner 实现的模拟环境。

Http 是一个开源项目，目前的最高版本是 1.7，可以在如下地址处下载。

http://sourceforge.net/projects/httpunit/files/httpunit/1.7/httpunit-1.7.zip/download

例 9.3　使用 HttpUnit 进行功能测试

下载 HttpUnit 解压后，得到的文件见表 9-1。

表 9-1　Httpunit 解压后文件

jars	//包含创建、测试以及运行 HttpUnit 所必需的 jar
lib	//包含 HttpUnit jar
doc	//文档包含以下。 (1) tutorial　//基于 Servlet Web 网站的测试优先开发的简单教程 (2) api　　　 //javadoc (3) manual　 //用户手册
examples	//采用 HttpUnit 编写的一些示例程序
src	// HttpUnit 源代码
test	// HttpUnit 单元测试的一些很好的例子

只有 lib 和 jars 目录对运行 HttpUnit 是必需的。必须将 HttpUnit jar 添加到系统的 classpath，而其他的一些 jar 均为可选。

HttpUnit 包括许多可选的功能。如果并不需要这些功能，则不必在 classpath 中包含相应的库，但必须有一个 HTML 解析器(JTidy 和 NekoHTML 都可被支持)和一个与 jaxp 兼容的解析器(在发行版中包含了 xerces 2.2)，见表 9-2。

表 9-2　HttpUnit 可选的功能

jar 名称	所需关系	相关文档
nekohtml.jar	HTML 解析器——即使是再糟糕的 HTML 也可使用。需要 xerces-j 2.2 或更高版本	www.apache.org/~andyc/neko/doc/html/index.html.
tidy.jar	要求苛刻的 HTML 解析器。可与任何兼容 jaxp 解析器配合使用	lempinen.net/sami/jtidy/
xmlParserAPIs.jar	支持 xerces-j 的通用解析 API	xml.apache.org
xercesImpl.jar	xerces-j 2.2 可执行单元	xml.apache.org
js.jar	支持 javascript	www.mozilla.org/rhino
servlet.jar	Servlet 单元测试工具 ServletUnit 所必需的	Java.sun.com
junit.jar	运行单元测试	www.junit.org
mail.jar	测试文件的上传功能(运行 HttpUnit 本身并不需要)	Java.sun.com/products/javamail/
activation.jar	测试文件的上传功能(运行 HttpUnit 本身并不需要)	Java.sun.com/products/javabeans/glasgow/jaf.html

新建一个名为 HttpUnitTest 的 Java Web 工程，并添加相应的 jar 包，完成之后，项目构建如图 9.12 所示。

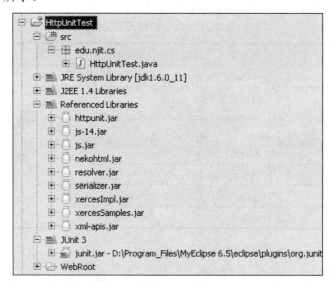

图 9.12　HttpUnitTest 的 classpath 配置

在 src 文件下，键入如下代码。

```
package edu.njit.cs;
import java.io.IOException;
import junit.framework.TestCase;
import org.xml.sax.SAXException;

import com.meterware.httpunit.GetMethodWebRequest;
import com.meterware.httpunit.WebConversation;
import com.meterware.httpunit.WebRequest;
import com.meterware.httpunit.WebResponse;

public class HttpUnitTest extends TestCase{
    public void testIndexJsp()
    {
        //建立一个 WebConversation 实例
        WebConversationwc = new WebConversation();
        //向指定的 URL 发出请求
        WebRequestreq = new GetMethodWebRequest( "http://localhost:
        8080/HttpUnitTest/index.jsp" );

        //获取响应对象
        WebResponseresp = null;
        try {
```

```
              resp = wc.getResponse( req );
              assertTrue(resp.getText().indexOf("This is my JSP page")>0);
          } catch (IOException e) {
              // TODO Auto-generated catch block
              e.printStackTrace();
          } catch (SAXException e) {
              // TODO Auto-generated catch block
              e.printStackTrace();
          }
          //用 getText 方法获取相应的全部内容


      }
  }
```

将 HttpUnitTest 项目部署至 Tomcat，并启动该程序，在 HttpUnitTest.java 中右击 run as JUnit test，可以看到如图 9.13 提示。

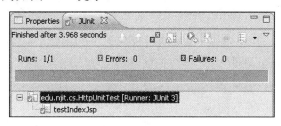

图 9.13　HttpUnitTest 测试成功

在上述代码中，HttpUnit 主要 API 是：①WebConverseion，用来建立一个 Web 应用程序实例；②WebRequest，用来模仿浏览器向服务器的请求；③WebResponse，用来获得从服务器返回的响应。需要提醒读者注意的是，在例 9.3 中，使用的是 Get 方式请求(GetMethod WebRequest)，如果使用 Post 方式则改变为(PostMethodWebRequest)，即如下面的代码片段所示。

```
//使用 Get 方式向指定的 URL 发出请求
WebRequestreq = new GetMethodWebRequest( "http://localhost:6888/
 HelloWorld.jsp " );
//给请求加上参数
req.setParameter("username","姓名");
//使用 Post 方式向指定的 URL 发出请求
WebRequestreq = new PostMethodWebRequest( "http://localhost:6888/
 HelloWorld.jsp " );
//给请求加上参数
req.setParameter("username","姓名");
```

下面解释 Get 与 Post 的区别。

Http 定义了与服务器交互的不同方法，最基本的方法是 Get 和 Post。

Http-Get 和 Http-Post 是使用 Http 的标准协议动词，用于编码和传送变量名/变量值对参数，并且使用相关的请求语义。每个 Http-Get 和 Http-Post 都由一系列 Http 请求头组成，这些请求头定义了客户端从服务器请求了什么，而响应则由一系列 Http 应答头和应答数据组成，如果请求成功则返回应答。

Http-Get 以 MIME 类型 application/x-www-form-urlencoded 的 urlencoded 文本的格式传递参数。Urlencoding 是一种字符编码，保证被传送的参数由遵循规范的文本组成，例如一个空格的编码是"%20"。附加参数还能被认为是一个查询字符串。

与 Http-Get 类似，Http-Post 参数也是被 URL 编码的。然而，变量名/变量值不作为 URL 的一部分被传送，而是放在实际的 Http 请求消息内部被传送。

(1) Get 是从服务器上获取数据，Post 是向服务器传送数据。

(2) 在客户端，Get 方式通过 URL 提交数据，数据在 URL 中可以被看到；Post 方式将数据放置在 HTML HEADER 内提交。

(3) 对于 Get 方式，服务器端用 Request.QueryString 获取变量的值，对于 Post 方式，服务器端用 Request.Form 获取提交的数据。

(4) Get 方式提交的数据最多只能有 1024 字节，而 Post 则没有此限制。

(5) 安全性问题。正如上面提到的，使用 Get 时，参数会显示在地址栏上，而 Post 则不会。所以，如果这些数据是中文数据而且是非敏感数据，那么使用 Get；如果用户输入的数据不是中文字符而且包含敏感数据，那么还是使用 Post 为好。

注：安全意味着该操作用于获取信息而非修改信息，意味着对同一 URL 的多个请求应该返回同样的结果。完整的定义并不像看起来那样严格。换句话说，Get 请求一般不应产生副作用。从根本上讲，其目标是当用户打开一个链接时，它可以确信从自身的角度来看没有改变资源。例如，新闻站点的头版不断更新。虽然第二次请求会返回不同的新闻，该操作仍然被认为是安全的和幂等的，因为它总是返回当前的新闻。反之亦然。Post 请求就不那么轻松了。Post 表示可能改变服务器上的资源的请求。

表 9-3 中详细列出了 HttpUnit 最为常用的几个对象，供读者参考。

表 9-3　Http 常用对象表

常用对象	对象的作用

WebTable	//获得对应的表格对象
	WebTablewebTable = resp.getTables()[0];
	//将表格对象的内容传递给字符串数组
	String[][] datas = webTable.asText();

续表

常用对象	对象的作用

WebForm	WebFormwebForm = resp.getForms()[0];
	//获得表单中所有控件的名字
	String[] pNames = webForm.getParameterNames();
	int i = 0;
	int m = pNames.length;
	//循环显示表单中所有控件的内容
	while(i<m){
	System.out.println("第"+(i+1)+"个控件的名字是"+pNames+",里面的内容是"+webForm.getParameterValue(pNames));
	++i;
	}

WebLink	//获得页面链接对象
	WebLink link = resp.getLinkWith("TestLink");
	//模拟用户单击事件
	link.click();

下面再看一个表单示例。使用 HttpUnit 包,访问 HttpUnit 的官方主页,单击 Tutorial 连接,并在命令行显示内容,代码如下。

```
package edu.njit.cs;

import java.io.IOException;
import org.xml.sax.SAXException;

import com.meterware.httpunit.GetMethodWebRequest;
import com.meterware.httpunit.WebConversation;
import com.meterware.httpunit.WebForm;
import com.meterware.httpunit.WebLink;
import com.meterware.httpunit.WebRequest;
import com.meterware.httpunit.WebResponse;

public class HelloBaidu {

    public static void main(String[] args) {
        // 建立一个 WebConversation 实例
        WebConversationwc = new WebConversation();

        // 获取响应对象
        WebResponseresp = null;
```

```
try {
    resp = wc.getResponse("http://httpunit.sourceforge.net/");
    //获得页面链接对象
    WebLink link = resp.getLinkWith("Tutorial");
    //模拟用户单击事件
    link.click();
    //获得当前的响应对象
    WebResponsenextLink = wc.getCurrentPage();
    //用 getText 方法获取相应的全部内容
    //用 System.out.println 将获取的内容打印在控制台上
    System.out.println( nextLink.getText() );

} catch (IOException e) {
    // TODO Auto-generated catch block
    e.printStackTrace();
} catch (SAXException e) {
    // TODO Auto-generated catch block
    e.printStackTrace();
}
}
}
```

提示：读者如果尝试实验修改访问的网站可能会报出 SAX 的解析异常，这很可能并不是代码编写错误，而是因为 HttpUnit 是严格基于 W3C 标准解析的 JavaScript 脚本。在本书编写阶段，笔者曾经尝试性地访问了搜狐、腾讯、163 等大型门户网站，在解析其首页的表单结构时，HttpUnit 测试报出 SAX 解析异常，此时需要修改 HttpUnit 的源码，由于这部分内容已经超出本书范围，有兴趣的读者可以自行尝试(提示：可以将页面抓取下来，观察这些 HTML 页面的内容作针对性的调整)。

9.2　Web Service 测试方法

Web Services 是由服务提供商发布的完成其特定商务需求的在线应用服务，其他软件和应用程序能够通过 Internet 来访问并使用这项在线服务。

简单来说，Web Service 被作为一个接口暴露给外部应用程序，外部应用程序可以通过向这个接口发送计算请求，服务提供商完成任务后，将结果返回给请求者。从某种程度上，可以把 Web Service 服务看成是一种 Web 应用程序 API 的提供方式。例如，如果在以往的 Java Web 应用程序中发布一个新功能，就必须新建一个 JSP 页面用来接受用户输入的信息页面，并通过这个 JSP 将信息传给业务层组件，通过相应商业逻辑的中间层组件完成任务后，将结果再传回给客户端的请求者。

如果中间层组件换成 Web Service，就可以从用户界面直接调用中间层组件，可以直接使用 Web Service 对外暴露的接口，Web Service 则利用接口数据把应用程序的逻辑和数据结合起来，从而达到提供服务的目的。

在 Web Service 中，使用接口的方式多种多样，可以依赖 SOAP 协议，也可以使用 WSDL 的 XML 文件(Web Service Description Language)。以上均为 Web Service 的概念介绍，比较抽象。粗略地说，读者不妨这样理解 Web Service 就像一个加工数据的黑盒子，这个黑盒子有一个对外的窗口，请求者把要加工的数据从这个窗口传递进去，Web Service 加工后，再从窗口传出。

在构建和使用 Web Service 时，主要用到以下几个关键的技术和规则。

(1) XML：描述数据的标准方法。

(2) SOAP：表示信息交换的协议。

(3) WSDL：Web 服务描述语言。

(4) UDDI：通用描述、发现与集成，它是一种独立于平台的，基于 XML 语言的用于在互联网上描述商务的协议。

一个 Web Service 服务器，本质上和一个 Web 服务器是相同的。

它主要进行下面这些操作。

(1) 监听网络端口(监听服务端口)。

(2) 接收客户端请求(接收 SOAP 请求)。

(3) 解析客户端请求(解析 SOAP 消息，将 SOAP 消息转换为数据对象)。

(4) 调用业务逻辑(调用 Web Service 实现类的特定操作，参数是由 SOAP 消息转换而来的数据对象)。

(5) 生成响应(将返回值转换为 SOAP 消息)。

(6) 返回响应(返回 SOAP 响应)。

9.2.1　XFire 与 Web Service 技术

直接编写 Web Service 是非常麻烦的一件事情，目前提供 Web Service 编写的框架有许多，如 Axis、CXF。本例中使用的是 XFire1.25，虽然 XFire 现在已经归并进入 CXF 项目之中，但是 XFire 的速度和稳定性一直被业界认可[①]。XFire1.26 可以由以下网站下载。

http://xfire.codehaus.org/

例 9.4　使用 XFire 建立简单的 Web Service 服务

建立一个名为 xfire 的 Web project 工程(不是 Web Service 工程)，将 XFire1.26 的 jar

---

① 官方文档称 XFire 的速度比 CXF 块大约 10%。

文件添加进入 Web-INT 的 lib 目录下，除了 xfire-all-1.2.6.jar 以外，在 xfire 的解压缩目录中的 lib 文件夹下的全部 jar 文件都应当加入，加入完成后，xfire 项目的 jar 文件如图 9.14 所示。

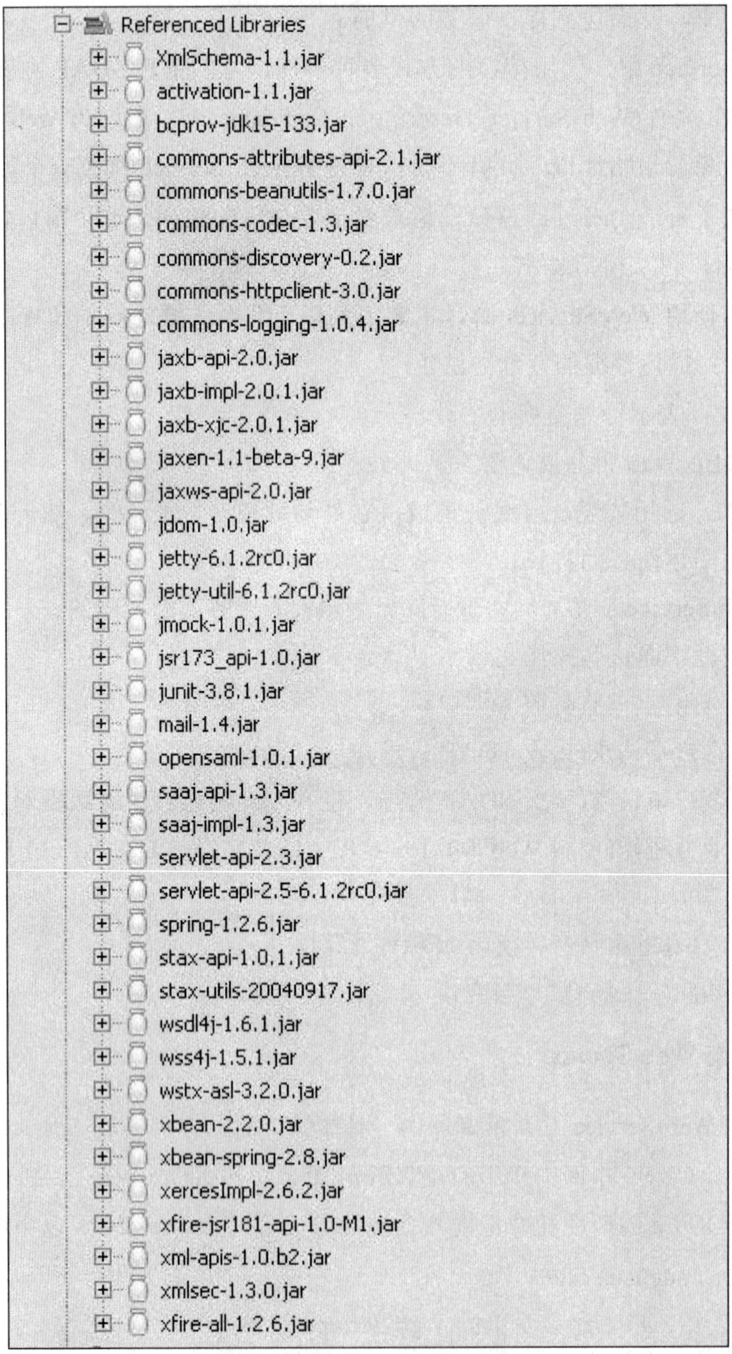

```
□─🗐 Referenced Libraries
   ├─🗋 XmlSchema-1.1.jar
   ├─🗋 activation-1.1.jar
   ├─🗋 bcprov-jdk15-133.jar
   ├─🗋 commons-attributes-api-2.1.jar
   ├─🗋 commons-beanutils-1.7.0.jar
   ├─🗋 commons-codec-1.3.jar
   ├─🗋 commons-discovery-0.2.jar
   ├─🗋 commons-httpclient-3.0.jar
   ├─🗋 commons-logging-1.0.4.jar
   ├─🗋 jaxb-api-2.0.jar
   ├─🗋 jaxb-impl-2.0.1.jar
   ├─🗋 jaxb-xjc-2.0.1.jar
   ├─🗋 jaxen-1.1-beta-9.jar
   ├─🗋 jaxws-api-2.0.jar
   ├─🗋 jdom-1.0.jar
   ├─🗋 jetty-6.1.2rc0.jar
   ├─🗋 jetty-util-6.1.2rc0.jar
   ├─🗋 jmock-1.0.1.jar
   ├─🗋 jsr173_api-1.0.jar
   ├─🗋 junit-3.8.1.jar
   ├─🗋 mail-1.4.jar
   ├─🗋 opensaml-1.0.1.jar
   ├─🗋 saaj-api-1.3.jar
   ├─🗋 saaj-impl-1.3.jar
   ├─🗋 servlet-api-2.3.jar
   ├─🗋 servlet-api-2.5-6.1.2rc0.jar
   ├─🗋 spring-1.2.6.jar
   ├─🗋 stax-api-1.0.1.jar
   ├─🗋 stax-utils-20040917.jar
   ├─🗋 wsdl4j-1.6.1.jar
   ├─🗋 wss4j-1.5.1.jar
   ├─🗋 wstx-asl-3.2.0.jar
   ├─🗋 xbean-2.2.0.jar
   ├─🗋 xbean-spring-2.8.jar
   ├─🗋 xercesImpl-2.6.2.jar
   ├─🗋 xfire-jsr181-api-1.0-M1.jar
   ├─🗋 xml-apis-1.0.b2.jar
   ├─🗋 xmlsec-1.3.0.jar
   └─🗋 xfire-all-1.2.6.jar
```

图 9.14　xfire 项目依赖的 jar 包文件

由于 WebService 向外暴露接口以供外部应用程序调用，可以分别在 src 文件下建立相应的接口(HelloService.java)与接口实现类(HelloServieImpl.java)，代码如下。

```java
//HelloService.java
package edu.njit.cs.test;

public interface HelloService {
    public intgetAbsolute(int a);
}
//HelloServieImpl.java
package edu.njit.cs.test.impl;

import java.util.Random;

import edu.njit.cs.test.HelloService;

public class HelloServiceImpl implements HelloService {

    public intgetAbsolute(int a) {
        if (a<=0) {
            return -a;
        }
        return a;
    }
}
```

以上程序和普通的 Java 代码没有任何区别，Web Service 的关键在于如何将上述代码发布成为 Web 服务

首先，配置 Web.xml 文件，告诉 Java Web 服务器，当有下述方式的客户端请求达到时，将这些请求视为 Web Service 的请求，代码如下。

```xml
<?xml version="1.0" encoding="UTF-8"?>
<web-app version="2.5"
    xmlns="http://java.sun.com/xml/ns/javaee"
    xmlns:xsi="http://www.w3.org/2001/XMLSchema-instance"
    xsi:schemaLocation="http://java.sun.com/xml/ns/javaee
    http://java.sun.com/xml/ns/javaee/web-app_2_5.xsd">

<servlet>
    <servlet-name>XFireServlet</servlet-name>
    <servlet-class>org.codehaus.xfire.transport.http.XFireConfigurable
Servlet</servlet-class>
</servlet>
<servlet-mapping>
    <servlet-name>XFireServlet</servlet-name>
    <url-pattern>/servlet/XFireServlet/*</url-pattern>
```

```
</servlet-mapping>
<servlet-mapping>
    <servlet-name>XFireServlet</servlet-name>
    <url-pattern>/services/*</url-pattern>
</servlet-mapping>

</web-app>
```

XFireServelt 是 XFire 官方指定的 Web Service 的 Servlet 控制器，它具体的工作由 org. codehaus.xfire.transport.http.XFireConfigurableServlet 类完成，这个 Servlet 对应两个 URL 路径，第一个 URL 是/servlet/XFireServlet/*，所有的 Servlet 下的相对路径必须经过 XFireServlet 处理，第二个 URL 是/services/*，这是非常重要的，它意味着当用户使用 service 这个相对路径访问 XFire 项目时，它会将这种请求视为对 Web Service 资源的请求。Web Service 资源就是一系列的 wsdl 文件。

其次，按照 XFire 的指导要求，必须为 Web Service 指定 service 的具体处理内容。简单来说，就是告诉服务器，如果有客户端来请求 Web Service 资源，Web 服务器应该到哪里去找到相应的 Java 文件。这个文件必须建立在当前项目的 Web-INF 文件夹下，建立一个路径为 META-INF/xfire/service.xml 文件。由于在 MyEclipse 中 Web-INF 文件夹中的内容不可见，使用如下方法在 MyEclipse 中建立相应的文件：右击 xfire 项目名，选择新建源代码文件夹，名为 xfireconf，建立完毕后，在 xfireconf 文件夹下右击新建文件夹 META-INF(注意大小写不能出错)，完成后，在 META-INF 文件夹下右击新建文件夹 xfire(注意大小写不能出错)，最后，在 xfire 文件夹中建立名为 service.xml 的文件。完成后，如图 9.15 所示。

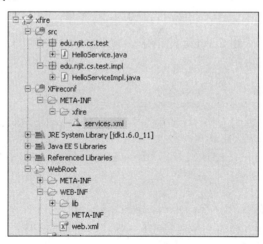

图 9.15　xfire 的 META-INF 文件夹

完成之后，将 xfire 项目部署至 Tomcat，启动 Tomcat，在地址栏中输入：http://localhost:

8080 /xfire/services/HelloService?wsdl，得到如图 9.16 所示内容，则说明访问成功。

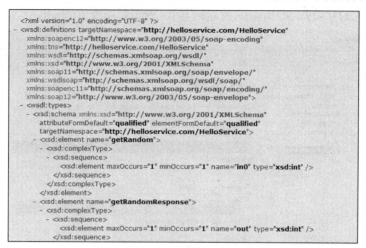

图 9.16 xfire 请求成功

9.2.2 使用 WebService Explorer 测试 Web Service

当 Example9.3 发布成功之后，需要验证 Web Service 的运行情况，此时，可以使用 MyEclipse 的 Web Service Explorer 来查看，如图 9.17 所示。

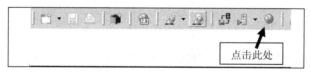

图 9.17 启动 Web Service Explorer.snag

完成之后，Web Service Explorer 就会启动，启动之后，显示的图标虽然为灰色，但仍可以响应用户操作。单击 WSDL page 按钮，就可以进入如图 9.18 所示的页面完成 Web Service 测试。

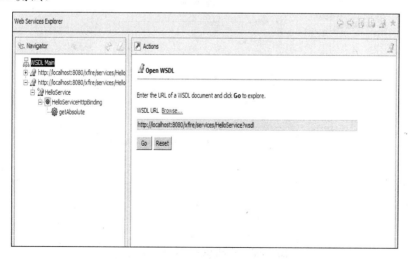

图 9.18 访问 WSDL 资源

单击 Go 按钮之后，会指出 Web Service 的方法名 getAbsolute 方法，如图 9.19 所示，在文本框中输入数字-29，得到正确的返回结果 29，如图 9.20 所示。

图 9.19　展开 WSDL 资源，访问 getAbsolute 方法

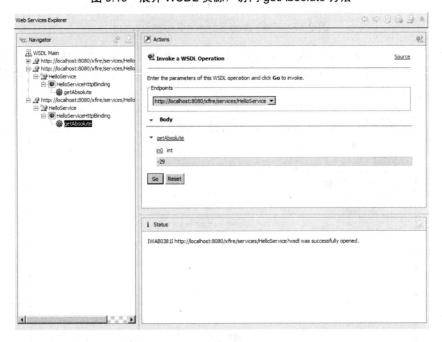

图 9.20　测试 getAbsolute 方法

最终结果如图 9.21 所示。

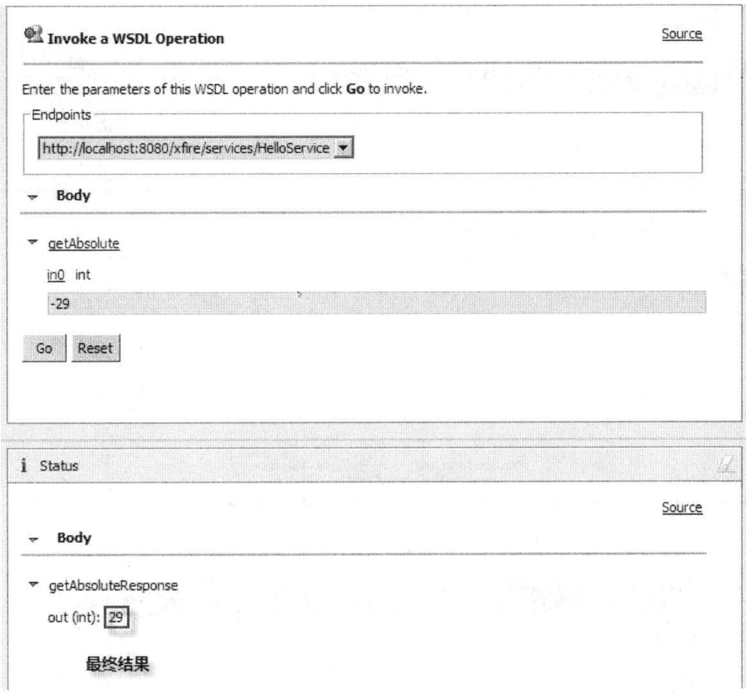

图 9.21　getAbsolute 方法的最终结果

9.2.3　Axis2 与 Web Service 技术

Axis2 是新一代的 Web Service 开发工具，它会让 Web Service 的开发变得轻松、快捷。下面以一个实际的例子来体验一下。

步骤一：搭建 Axis2 环境

(1) 下载 Axis2 的二进制的包和 war，这里使用的版本是 1.4.1。

(2) 将下载后的 war 放入 Tomcat 的 webapps 目录里，然后启动 Tomcat，这样 war 包就会自动解压为目录 Axis2，在浏览器中输入 http://localhost:7890/axis2/，如果一切正常则会出现如图 9.22 所示的画面。

(3) 准备 Axis2 的 eclispe 插件。Axis2 的 eclispe 插件分为如下两个，axis2-eclipse-service-archiver-wizard.zip 帮助生成 aar 文件，axis2-eclipse-codegen-wizard.zip 用 wsdl 文件生成 stub 代码的。

下载完这两个压缩文件后，可以直接把解压后的文件复制到 plugins 目录中，也可以在 links 目录中以写文件路径的方式安装插件，安装完成后，打开 eclipse，在 package explorer 中右击，选择 new→other 选项，如果安装，则结果如图 9.23 所示。

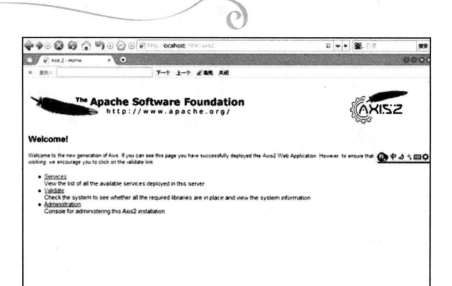

图 9.22　Axis2 在浏览器中的画面

图 9.23　添加 Axis2 插件

步骤二：开发、发布自己的 Web Service

首先写一个 Java 类，建立如图 9.24 所示的工程。

图 9.24　Web Service 工程

HelloWorld 类中代码如下。

```java
public class HelloWorld {
/**
* 简单的测试方法
*
*/
    public String simpleMethod(String name) {
        return name+"Say this is a Simple method ^-^";
    }
}
```

这里需要特别注意，刚开始，编辑好后要保存，Eclipse 会自动地编辑成.class 文件，需要把存放.class 文件的目录记住。后面发布的时候会用到。

在 Eclispe 的 packageExplorer 中右击，在菜单中选择新建→other...→Axis2 Service Archiver 选项如图 9.25、图 9.26 所示。

图 9.25　新建 Archiver

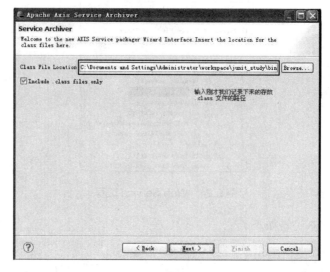

图 9.26　填入 HelloWorld 类.class 的位置

单击 next 按钮后选择 wsdl 文件，这里选择 skip wsdl，单击 next 按钮后，进入的是选择 jar 文件的页面，这里没有外部的 jar，所以单击 next 按钮直接跳过这个页面。单击 next 按钮之后，进入的是选择 XML 页面，这里选择的是自动生成 XML，也就是勾选 Generate the service xml automatically。

单击 next 按钮后，进入的是生成 XML 文件的页面，在 service name 里填写服务的名字，然后在 class name 中填写要发布的类，这里一定要写全路径，写好后就可以单击 load 按钮，如果一切正常的话，则结果如图 9.27 所示。

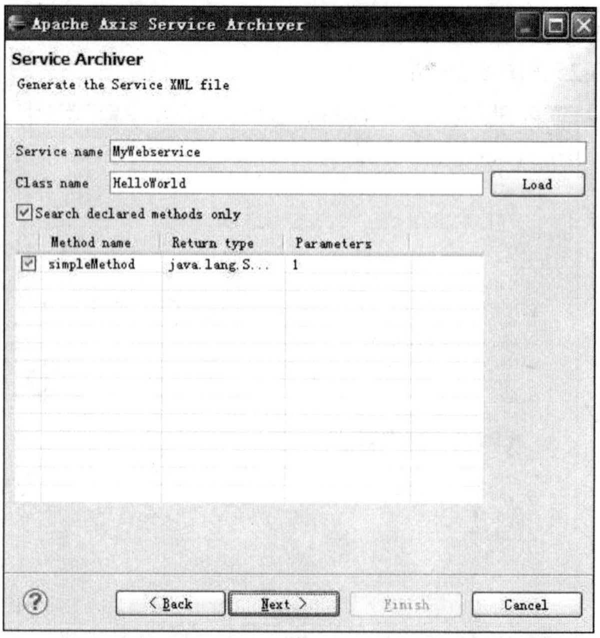

图 9.27　读取 HelloWorld.Class 成功

单击 next 按钮后，进入输出 artiver 文件的页面，先在 output File location 中选择要输出的路径，如图 9.28 所示，在 output File Name 中输入 artiver 文件名。成功后如图 9.29 所示。

图 9.28 输出的路径

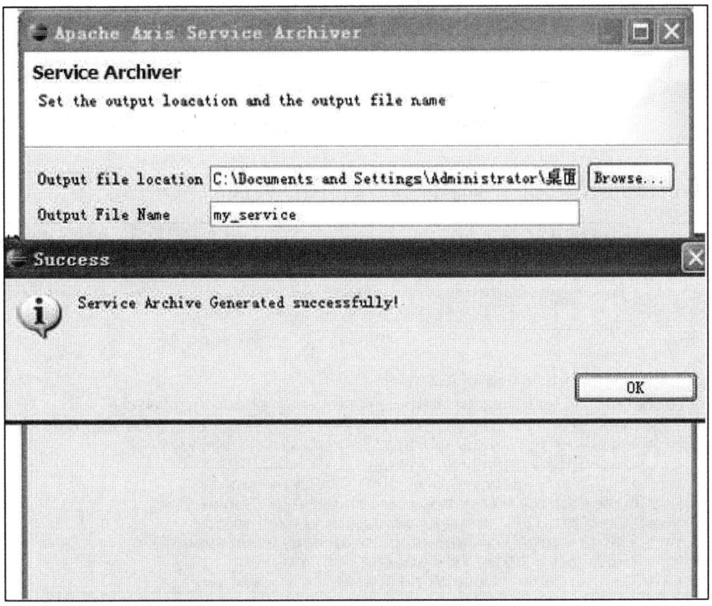

图 9.29 Service Archive 生成成功

运行完上述操作后生成了一个 my_service.aar 文件，将其放入到\Tomcat6.0\webapps\ axis2\ WEB-INF\services 中，打开 http://localhost:7890/axis2/services/listServices 显示结果 如图 9.30 所示。

图 9.30　发布 Web Service

单击 HelloWorld 连接，打开如图 9.31 所示的页面。

图 9.31　打开的页面

9.2.4　通过 WSCaller.jar 工具进行测试 WebService

　　WSCaller 软件是基于 Axis 库(Apache eXtensible Interaction System)开发的，Axis 库的介绍及其版权信息请参见 Apache Software Foundation 的网站 http://www.apache.org/。

　　WSCaller 可执行程序的发布方式为一个 WSCaller.jar 包，不包含 Java 运行环境。可以把 WSCaller.jar 复制到任何安装了 Java 运行环境(要求安装 JRE/JDK 1.3.1 或更高版本)的计算机中，用以下命令运行 wsCaller：java -jar wsCaller.jar。使用 WSCaller 软件的方法非常简单，WSCaller 的主界面如图 9.32 所示。

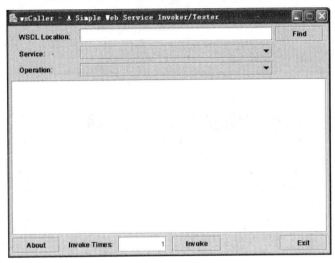

图 9.32　使用 WSCaller 软件

　　首先在 WSDL Location 输入框中输入调用或测试的 Web Service 的 WSDL 位置，如"http:// www.somesite.com/axis/services/StockQuoteService?wsdl"，然后单击 Find 按钮。WSCaller 就会检查输入的 URL 地址，并获取 Web Service 的 WSDL 信息。如果信息获取成功,WSCaller 会在 Service 和 Operation 下拉列表框中列出该位置提供的 Web Service 服务和服务中的所有可调用的方法。用户可以在列表框中选择要调用或测试的方法名称，选定后，WSCaller 窗口中间的参数列表框就会列出该方法的所有参数，包括每个参数的名称、类型和参数值的输入框(只对[IN]或[IN, OUT]型的参数提供输入框)。用户可以输入每个参数的取值，如图 9.33 所示。

　　这时，如果用户想调用该方法并查看其结果的话，只需要单击 Invoke 按钮。如果用户想测试该方法的执行时间，则可以在 Invoke Times 框中指定重复调用的次数，然后再单击 Invoke 按钮。WSCaller 会自动调用用户指定的方法，如果调用成功，WSCaller 会显示结果对话框，其中包括调用该方法所花的总时间，每次调用的平均时间和该方法的返回值(包括返回值和所有输出型的参数)，如图 9.34 所示。

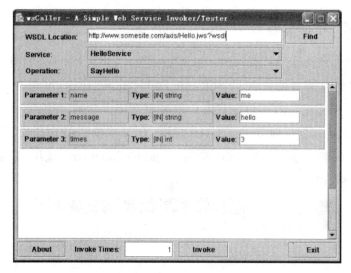

图 9.33　输入参数

图 9.34　查看其结果

本 章 小 结

　　本章介绍了信息系统白盒测试的入门知识，通过案例描述了如何使用 DbUnit、HttpUnit 进行 B/S 结构的应用程序测试工作。并进一步讲述了以下内容。

　　(1) 数据库测试基本概念，DbUnit 是基于 JDBC 技术进行数据库单元测试的开源解决方案。

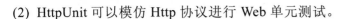

（2）HttpUnit 可以模仿 Http 协议进行 Web 单元测试。

（3）Web Service 是跨平台的 Web 服务解决方案，通过解析 WDSL，可以获得 Web Service 测试的一般方法。

习题与思考

1．DbUnit 是什么工具？它是如何读入记录进行测试的？

2．HttpUnit 可以检测 B/S 结构的程序，它和 Cacuts 的区别在哪里？

3．WSDL 是什么？它和 Web Service 有什么关系？

参 考 文 献

[1] 贺平．软件测试技术．北京：机械工业出版社，2004．

[2] [美]Ron Patton．Software Testing．2版．张小松，译．北京：机械工业出版社，2006．

[3] 陈少英，等．Web性能测试实战．北京：电子工业出版社，2006．

[4] 朱少民．软件测试方法和技术．北京：清华大学出版社，2005．

[5] [美]Mark Fewster&Dorothy Graham．软件测试自动化技术与实例详解．舒智勇，等译．北京：电子工业出版社，2000．

[6] 飞思科技产品研发中心．实用软件测试方法与应用．北京：电子工业出版社，2003．

[7] [美]Glenford J.Myers & Tom Badgett & Todd M. Thomas & Corey Sandler．软件测试的艺术．王峰，等译．北京：机械工业出版社，2005．

[8] [美]Daniel J.Mosley & Bruce A.Posey．软件测试自动化．邓波，等译．北京：机械工业出版社，2003．

[9] [美]Elfriede Dustin．有效软件测试．北京：清华大学出版社，2003．

[10] 赵瑞莲．软件测试．北京：高等教育出版社，2004．

[11] 郭荷清，等．现代软件工程—原理、方法和管理．广州：华南理工大学出版社，2004．

[12] 罗运模，等．软件能力成熟度模型集成(CMMI)．北京：清华大学出版社，2003．

[13] [美]麦格雷戈，等．面向对象的软件测试．杨文宏，李心辉，等译．北京：中信出版社，2002．

北京大学出版社本科计算机系列实用规划教材

序号	标准书号	书 名	主编	定价	序号	标准书号	书 名	主编	定价
1	7-301-10511-5	离散数学	段禅伦	28	43	7-301-14506-7	Photoshop CS3 案例教程	李建芳	34
2	7-301-10457-X	线性代数	陈付贵	20	44	7-301-14510-4	C++程序设计基础案例教程	于永彦	33
3	7-301-10510-X	概率论与数理统计	陈荣江	26	45	7-301-14942-3	ASP .NET 网络应用案例教程 (C# .NET 版)	张登辉	33
4	7-301-10503-0	Visual Basic 程序设计	闫联营	22	46	7-301-12377-5	计算机硬件技术基础	石 磊	26
5	7-301-10456-9	多媒体技术及其应用	张正兰	30	47	7-301-15208-9	计算机组成原理	娄国焕	24
6	7-301-10466-8	C++程序设计	刘天印	33	48	7-301-15463-2	网页设计与制作案例教程	房爱莲	36
7	7-301-10467-5	C++程序设计实验指导与习题解答	李 兰	20	49	7-301-04852-8	线性代数	姚寿妍	22
8	7-301-10505-4	Visual C++程序设计教程与上机指导	高志伟	25	50	7-301-15461-8	计算机网络技术	陈代武	33
9	7-301-10462-0	XML 实用教程	丁跃潮	26	51	7-301-15697-1	计算机辅助设计二次开发案例教程	谢安俊	26
10	7-301-10463-7	计算机网络系统集成	斯桃枝	22	52	7-301-15740-4	Visual C# 程序开发案例教程	韩朝阳	30
11	7-301-10465-1	单片机原理及应用教程	范立南	30	53	7-301-16597-3	Visual C++程序设计实用案例教程	于永彦	32
12	7-5038-4421-3	ASP .NET 网络编程实用教程 (C#版)	崔良海	31	54	7-301-16850-9	Java 程序设计案例教程	胡巧多	32
13	7-5038-4427-2	C 语言程序设计	赵建锋	25	55	7-301-16842-4	数据库原理与应用 (SQL Server 版)	毛一梅	36
14	7-5038-4420-5	Delphi 程序设计基础教程	张世明	37	56	7-301-16910-0	计算机网络技术基础与应用	马秀峰	33
15	7-5038-4417-5	SQL Server 数据库设计与管理	姜 力	31	57	7-301-15063-4	计算机网络基础与应用	刘远生	32
16	7-5038-4424-9	大学计算机基础	贾丽娟	34	58	7-301-15250-8	汇编语言程序设计	张光长	28
17	7-5038-4430-0	计算机科学与技术导论	王昆仑	30	59	7-301-15064-1	网络安全技术	骆耀祖	30
18	7-5038-4418-3	计算机网络应用实例教程	魏 峥	25	60	7-301-15584-4	数据结构与算法	佟伟光	32
19	7-5038-4415-9	面向对象程序设计	冷英男	28	61	7-301-17087-8	操作系统实用教程	范立南	36
20	7-5038-4429-4	软件工程	赵春刚	22	62	7-301-16631-4	Visual Basic 2008 程序设计教程	隋晓红	34
21	7-5038-4431-0	数据结构(C++版)	秦 锋	28	63	7-301-17537-8	C 语言基础案例教程	汪新民	31
22	7-5038-4423-2	微机应用基础	吕晓燕	33	64	7-301-17397-8	C++程序设计基础教程	郗亚辉	30
23	7-5038-4426-3	微型计算机原理与接口技术	刘彦文	26	65	7-301-17578-1	图论算法理论、实现及应用	王桂平	54
24	7-5038-4425-6	办公自动化教程	钱 俊	30	66	7-301-17964-2	PHP 动态网页设计与制作案例教程	房爱莲	42
25	7-5038-4419-1	Java 语言程序设计实用教程	董迎红	33	67	7-301-18514-8	多媒体开发与编程	于永彦	35
26	7-5038-4428-0	计算机图形技术	龚声蓉	28	68	7-301-18538-4	实用计算方法	徐亚平	24
27	7-301-11501-5	计算机软件技术基础	高 巍	25	69	7-301-18539-1	Visual FoxPro 数据库设计案例教程	谭红杨	35
28	7-301-11500-8	计算机组装与维护实用教程	崔明远	33	70	7-301-19313-6	Java 程序设计案例教程与实训	董迎红	45
29	7-301-12174-0	Visual FoxPro 实用教程	马秀峰	29	71	7-301-19389-1	Visual FoxPro 实用教程与上机指导（第 2 版）	马秀峰	40
30	7-301-11500-8	管理信息系统实用教程	杨月江	27	72	7-301-19435-5	计算方法	尹景本	28
31	7-301-11445-2	Photoshop CS 实用教程	张 瑾	28	73	7-301-19388-4	Java 程序设计教程	张剑飞	35
32	7-301-12378-2	ASP .NET 课程设计指导	潘志红	35	74	7-301-19386-0	计算机图形技术(第 2 版)	许承东	44
33	7-301-12394-2	C# .NET 课程设计指导	龚自霞	32	75	7-301-15689-6	Photoshop CS5 案例教程 (第 2 版)	李建芳	39
34	7-301-13259-3	VisualBasic .NET 课程设计指导	潘志红	30	76	7-301-18395-3	概率论与数理统计	姚喜妍	29
35	7-301-12371-3	网络工程实用教程	汪新民	34	77	7-301-19980-0	3ds Max 2011 案例教程	李建芳	44
36	7-301-14132-8	J2EE 课程设计指导	王立丰	32	78	7-301-20052-0	数据结构与算法应用实践教程	李文书	36
37	7-301-21088-8	计算机专业英语(第 2 版)	张 勇	42	79	7-301-12375-1	汇编语言程序设计	张宝剑	36

38	7-301-13684-3	单片机原理及应用	王新颖	25	80	7-301-20523-5	Visual C++程序设计教程与上机指导(第2版)	牛江川	40
39	7-301-14505-0	Visual C++程序设计案例教程	张荣梅	30	81	7-301-20630-0	C#程序开发案例教程	李挥剑	39
40	7-301-14259-2	多媒体技术应用案例教程	李 建	30	82	7-301-20898-4	SQL Server 2008 数据库应用案例教程	钱哨	38
41	7-301-14503-6	ASP .NET 动态网页设计案例教程(Visual Basic .NET 版)	江 红	35	83	7-301-21052-9	ASP.NET 程序设计与开发	张绍兵	39
42	7-301-14504-3	C++面向对象与 Visual C++程序设计案例教程	黄贤英	35	84	7-301-16824-0	软件测试案例教程	丁宋涛	28

北京大学出版社电气信息类教材书目(已出版)
欢迎选订

序号	标准书号	书 名	主编	定价	序号	标准书号	书 名	主编	定价
1	7-301-10759-1	DSP 技术及应用	吴冬梅	26	38	7-5038-4400-3	工厂供配电	王玉华	34
2	7-301-10760-7	单片机原理与应用技术	魏立峰	25	39	7-5038-4410-2	控制系统仿真	郑恩让	26
3	7-301-10765-2	电工学	蒋 中	29	40	7-5038-4398-3	数字电子技术	李 元	27
4	7-301-19183-5	电工与电子技术(上册)(第2版)	吴舒辞	30	41	7-5038-4412-6	现代控制理论	刘永信	22
5	7-301-19229-0	电工与电子技术(下册)(第2版)	徐卓农	32	42	7-5038-4401-0	自动化仪表	齐志才	27
6	7-301-10699-0	电子工艺实习	周春阳	19	43	7-5038-4408-9	自动化专业英语	李国厚	32
7	7-301-10744-7	电子工艺学教程	张立毅	32	44	7-5038-4406-5	集散控制系统	刘翠玲	25
8	7-301-10915-6	电子线路 CAD	吕建平	34	45	7-301-19174-3	传感器基础(第2版)	赵玉刚	30
9	7-301-10764-1	数据通信技术教程	吴延海	29	46	7-5038-4396-9	自动控制原理	潘 丰	32
10	7-301-18784-5	数字信号处理(第2版)	阎 毅	32	47	7-301-10512-2	现代控制理论基础(国家级十一五规划教材)	侯媛彬	20
11	7-301-18889-7	现代交换技术(第2版)	姚 军	36	48	7-301-11151-2	电路基础学习指导与典型题解	公茂法	32
12	7-301-10761-4	信号与系统	华 容	33	49	7-301-12326-3	过程控制与自动化仪表	张井岗	36
13	7-301-19318-1	信息与通信工程专业英语（第2版）	韩定定	32	50	7-301-12327-0	计算机控制系统	徐文尚	28
14	7-301-10757-7	自动控制原理	袁德成	29	51	7-5038-4414-0	微机原理及接口技术	赵志诚	38
15	7-301-16520-1	高频电子线路(第2版)	宋树祥	35	52	7-301-10465-1	单片机原理及应用教程	范立南	30
16	7-301-11507-7	微机原理与接口技术	陈光军	34	53	7-5038-4426-4	微型计算机原理与接口技术	刘彦文	26
17	7-301-11442-1	MATLAB 基础及其应用教程	周开利	24	54	7-301-12562-5	嵌入式基础实践教程	杨 刚	30
18	7-301-11508-4	计算机网络	郭银景	31	55	7-301-12530-4	嵌入式 ARM 系统原理与实例开发	杨宗德	25
19	7-301-12178-8	通信原理	隋晓红	32	56	7-301-13676-8	单片机原理与应用及 C51 程序设计	唐 颖	30
20	7-301-12175-7	电子系统综合设计	郭 勇	25	57	7-301-13577-8	电力电子技术及应用	张润和	38
21	7-301-11503-9	EDA 技术基础	赵明富	22	58	7-301-20508-2	电磁场与电磁波（第2版）	邬春明	30
22	7-301-12176-4	数字图像处理	曹茂永	23	59	7-301-12179-5	电路分析	王艳红	38
23	7-301-12177-1	现代通信系统	李白萍	27	60	7-301-12380-5	电子测量与传感技术	杨 雷	35
24	7-301-12340-9	模拟电子技术	陆秀令	28	61	7-301-14461-9	高电压技术	马永翔	28
25	7-301-13121-3	模拟电子技术实验教程	谭海曙	24	62	7-301-14472-5	生物医学数据分析及其MATLAB实现	尚志刚	25
26	7-301-11502-2	移动通信	郭俊强	22	63	7-301-14460-2	电力系统分析	曹 娜	35
27	7-301-11504-6	数字电子技术	梅开乡	30	64	7-301-14459-6	DSP 技术与应用基础	俞一彪	34
28	7-301-18860-6	运筹学(第2版)	吴亚丽	28	65	7-301-14994-2	综合布线系统基础教程	吴达金	24
29	7-5038-4407-2	传感器与检测技术	祝诗平	30	66	7-301-15168-6	信号处理 MATLAB 实验教程	李 杰	20
30	7-5038-4413-3	单片机原理及应用	刘 刚	24	67	7-301-15440-3	电工电子实验教程	魏 伟	26
31	7-5038-4409-6	电机与拖动	杨天明	27	68	7-301-15445-8	检测与控制实验教程	魏 伟	24
32	7-5038-4411-9	电力电子技术	樊立萍	25	69	7-301-04595-4	电路与模拟电子技术	张绪光	35
33	7-5038-4399-0	电力市场原理与实践	邹 斌	24	70	7-301-15458-8	信号、系统与控制理论(上、下册)	邱德润	70
34	7-5038-4405-8	电力系统继电保护	马永翔	27	71	7-301-15786-2	通信网的信令系统	张云麟	24
35	7-5038-4397-6	电力系统自动化	孟祥忠	25	72	7-301-16493-5	发电厂变电所电气部分	马永翔	35
36	7-5038-4404-1	电气控制技术	韩顺杰	22	73	7-301-16076-3	数字信号处理	王震宇	32
37	7-5038-4403-4	电器与 PLC 控制技术	陈志新	38	74	7-301-16931-5	微机原理及接口技术	肖洪兵	32

序号	标准书号	书 名	主编	定价	序号	标准书号	书 名	主 编	定价
75	7-301-16932-2	数字电子技术	刘金华	30	95	7-301-18314-4	通信电子线路及仿真设计	王鲜芳	29
76	7-301-16933-9	自动控制原理	丁 红	32	96	7-301-19175-0	单片机原理与接口技术	李 升	46
77	7-301-17540-8	单片机原理及应用教程	周广兴	40	97	7-301-19320-4	移动通信	刘维超	39
78	7-301-17614-6	微机原理及接口技术实验指导书	李干林	22	98	7-301-19447-8	电气信息类专业英语	缪志农	40
79	7-301-12379-9	光纤通信	卢志茂	28	99	7-301-19451-5	嵌入式系统设计及应用	邢吉生	44
80	7-301-17382-4	离散信息论基础	范九伦	25	100	7-301-19452-2	电子信息类专业MATLAB实验教程	李明明	42
81	7-301-17677-1	新能源与分布式发电技术	朱永强	32	101	7-301-16914-8	物理光学理论与应用	宋贵才	32
82	7-301-17683-2	光纤通信	李丽君	28	102	7-301-16598-0	综合布线系统管理教程	吴达金	39
83	7-301-17700-6	模拟电子技术	张绪光	36	103	7-301-20394-1	物联网基础与应用	李蔚田	44
84	7-301-17318-3	ARM 嵌入式系统基础与开发教程	丁文龙	36	104	7-301-20339-2	数字图像处理	李云红	36
85	7-301-17797-6	PLC原理及应用	缪志农	26	105	7-301-20340-8	信号与系统	李云红	29
86	7-301-17986-4	数字信号处理	王玉德	32	106	7-301-20505-1	电路分析基础	吴舒辞	38
87	7-301-18131-7	集散控制系统	周荣富	36	107	7-301-20506-8	编码调制技术	黄 平	26
88	7-301-18285-7	电子线路CAD	周荣富	41	108	7-301-20763-5	网络工程与管理	谢 慧	39
89	7-301-16739-7	MATLAB 基础及应用	李国朝	39	109	7-301-20845-8	单片机原理与接口技术实验与课程设计	徐懂理	26
90	7-301-18352-6	信息论与编码	隋晓红	24	110	301-20725-3	模拟电子线路	宋树祥	38
91	7-301-18260-4	控制电机与特种电机及其控制系统	孙冠群	42	111	7-301-21058-1	单片机原理与应用及其实验指导书	邵发森	44
92	7-301-18493-6	电工技术	张 莉	26	112	7-301-20918-9	Mathcad 在信号与系统中的应用	郭仁春	30（估）
93	7-301-18496-7	现代电子系统设计教程	宋晓梅	36	113	7-301-20327-9	电工学实验教程	王士军	34
94	7-301-18672-5	太阳能电池原理与应用	靳瑞敏	25					

请登录 www.pup6.cn 免费下载本系列教材的电子书(PDF 版)、电子课件和相关教学资源。

欢迎免费索取样书，并欢迎到北京大学出版社来出版您的著作，可在 www.pup6.cn 在线申请样书和进行选题登记，也可下载相关表格填写后发到我们的邮箱，我们将及时与您取得联系并做好全方位的服务。

联系方式：010-62750667，pup6_czq@163.com，szheng_pup6@163.com，linzhangbo@126.com，欢迎来电来信咨询。